Ritu C. Wendt · Mit Lob und System zum Erfolg

Ritu C. Wendt

Mit Lob und System zum Erfolg

Pferdetraining vom Führen bis zum Reiten

Olms Presse
Hildesheim – Zürich – New York
2009

Impressum

Umschlagmotive:
Sarita, arab. Halbblut, spanischer Schritt, Piaffe-Übung an der Hand und
geritten nach dem 4-Stufen-System.

Alle Fotos in diesem Buch mit freundlicher Genehmigung von Sabine Klaer,
Selina Manke und Jasper Wied.
Grafiken: Ritu Wendt und Jasper Wied.

Informationen und Videos unter: www.ritu-galerie.de.

Der Verlag weist darauf hin, dass das Tragen einer Reitkappe der Sicherheit
dient. Wenn dies Reiter in diesem Buch dennoch nicht tun, so geschieht das
auf eigene Gefahr und ist nicht zur Nachahmung empfohlen. Das Tragen von
geeignetem Schuhwerk wird ebenfalls empfohlen.

Bibliografische Information der deutschen Nationalbibliothek:
Die Deutsche Nationalbibliothek verzeichnet diese Publikation in der
deutschen Nationalbibliographie; detaillierte bibliografische Daten
sind im Internet über http://dnb.ddb.de abrufbar.

© Georg Olms Verlag AG, Hildesheim 2009. Alle Rechte vorbehalten.

Umschlagentwurf: DMb-OV, Hildesheim
Layout: Sabine Melchert, Danielle Merzbach
Druck: Printed in Hungary
Gedruckt auf säurefreiem, alterungsbeständigem Papier.
ISBN 978-3-487-08481-7

Weitere Titel der Reihen *Documenta Hippologica* und *Nova Hippologica* finden
Sie unter www.olms.de.

Inhalt

Vorwort

Lieber Leser,

in den vielen Jahren, in denen ich mit Pferden zusammenarbeite, sie züchte und reite, habe ich immer wieder Pferdemenschen kennengelernt, die trotz langjährigen Reitunterrichts bei der Ausbildung ihrer Pferde oder in der Entwicklung der Harmonie zwischen Reiter und Pferd auf der Stelle traten. Oft war ihnen und ihren Pferden die Freude an der gemeinsamen Arbeit, die Motivation zu lernen und einen gemeinsamen Weg zu finden, verloren gegangen. Oft waren beide gleichermaßen verzweifelt, weil sie einander einfach nicht (mehr) verstanden.

Der Mensch braucht fast immer erst einmal eine Anleitung, um die „Pferdesprache" – die eine Körpersprache ist – zu erlernen und eine Basis für eine effektive und klare Kommunikation zu finden.

Das Pferd sucht nach (Rang)Ordnung und klarer Führung durch Regeln, die ihm in aller Freundschaft, aber mit Konsequenz vermittelt werden. Nur dann fühlt es sich wohl und sicher. Nur so kann eine Lernatmosphäre geschaffen werden.

Wie häufig bin ich Menschen begegnet, die sich, aus Liebe zu den Pferden und zum Reiten, viel zu früh und unreflektiert den Traum vom eigenen Pferd erfüllt haben, ohne selbst eine umfassende, gute Reitausbildung genossen zu haben. Wie oft kamen Menschen zu mir und baten um Hilfe, die ein Pferd günstig gekauft oder gar geschenkt erhalten hatten und erst später erkannten, dass das Tier mangelhaft ausgebildet, nie geradegerichtet, in Losgelassenheit oder in Anlehnung geritten worden war.

Und ich begegne immer wieder Menschen, die sich euphorisch ein junges, noch unausgebildetes Pferd kaufen, welches ihnen nach der Eingewöhnungsphase schnell ihre Grenzen aufzeigt und mangelndes Wissen über junge Pferde und ihre Erziehung entlarvt.

Mancher Leser mag sich in diesen Beispielen wiederfinden, für sie habe ich dieses Buch verfasst. Manch anderer mag sich fragen, wie es überhaupt dazu kommen kann.

Vieles hängt mit der meist mangelhaften Ausbildung des Reiters in konventionellen Reitschulen zusammen, die sich oft auf die Vermittlung von Reittechnik beschränken. Die Reitschultests in einschlägigen Pferdesportmagazinen berichten immer wieder von desolaten Zuständen, von unmotivierten oder unqualifizierten Reitlehrern und von unrittigen Schulpferden, auf denen ein Anfänger eigentlich nicht reiten lernen kann. Kenntnisse über den Umgang mit dem Pferd werden dort nur begrenzt vermittelt. Es ist erschreckend, aber eigentlich nicht verwunderlich, dass die einfachsten „Führungsqualitäten" sowie das Wissen um die Ausbildung des Pferdes am Boden oft selbst bei guten Reitern fehlen.

Manches Mal mangelt es aber auch nur an einem roten Faden, einem systematischen Vorgehen, einem Kanon von Übungseinheiten, der weder Mensch noch Pferd überfordert und den ein noch recht unerfahrener Pferdebesitzer Stufe für Stufe abarbeiten kann.

Diesen roten Faden möchte ich in meinem Buch vermitteln. Es beschreibt und beschreitet einen in der Praxis erprobten Weg für den noch wenig erfahrenen Freizeitreiter. Es vermittelt Grundwissen zur abwechslungsreichen Arbeit mit dem jungen oder dem Korrekturpferd am Boden und unter dem Sattel, erklärt die „Dehnungshaltung" oder wie man zur „Anlehnung" kommt, ohne die eine Gymnastizierung des künftigen Reitpferdes nicht denkbar ist.

Mein Weg orientiert sich an der bewährten Skala der Ausbildung. Er ist meiner Ansicht nach deshalb so erfolgreich, weil er alle Verständigungsmöglichkeiten mit dem Pferd nutzt. Gleichzeitig versuche ich in der Praxis, dem Reiter eine Vorstellung davon zu vermitteln, was er jeweils erreichen kann und soll und was er dafür tun muss. Schritt für Schritt kann er die im Kapitel 3 beschriebenen Übungen vom Boden und vom Sattel aus mit seinem Pferd erarbeiten und wird so eine zwanglose, harmonische Arbeitsatmosphäre schaffen. Pferd und Reiter sollen den Spaß am Lernen und an der Arbeit wiederfinden.

Ein Buch ersetzt keinen Reitlehrer, der beobachtet und immer wieder korrigiert, damit der Reiter in Harmonie mit der Bewegung des Pferdes die eigene Körperkoordination schulen kann. Aber es bietet die Möglichkeit, Hintergrundwissen zu erwerben, um Verhalten zu verstehen und zu beeinflussen. Die einzelnen Arbeitsschritte können nachgelesen, durchdacht und visualisiert werden, bevor man die Übungen am Pferd erprobt.

Wer keine Zeit und keine Geduld aufbringt, sein Pferd artgerecht zu erziehen und auszubilden, wer im Schnellverfahren möglichst viel Leistung aus Pferden herausholen möchte, für den ist mein Weg nicht geeignet. Meine Methode respektiert, wie die klassische Dressurausbildung der Alten Meister, dass eine gute gymnastische und geistige Entwicklung eines Pferdes, gleich welchen Alters, nun einmal Zeit und kontinuierliche Arbeit erfordert.
Ich hoffe, sowohl denjenigen, die zum ersten Mal ein Pferd selbst ausbilden, als auch jenen, die schon mehr Erfahrung haben, einen roten Faden und viele Anregungen für eine abwechslungsreiche Arbeit mit ihren Pferden bieten zu können.

Ich wünsche allen, die ihrem Pferd ihre Freizeit schenken, viel Freude beim Lesen.

Ihre Ritu C. Wendt
www.ritu-galerie.de

Danksagung

Ich danke allen Reitern, die sich und ihre Pferde für die Fotos in diesem Buch zur Verfügung stellten, den Fotografen sowie all denen, die das Erscheinen dieses Buches unterstützt haben. Durch Ihre Hilfe ist dieses Buch erst ermöglicht worden.

1 Die Ebene der Verständigung

1.1 Pferde verstehen

Um mit einem Pferd zu arbeiten – ob im Sattel oder am Boden –, bedarf es zweier Dinge: zum einen der Kunst des Reitens, zum anderen der Einsicht in die Psyche des Pferdes. Deshalb ist es wichtig zu wissen, wie ein Pferd denkt, handelt und fühlt. Was muss ich beachten, damit mein Pferd ein angenehmer und zuverlässiger Freizeit- und Sportpartner wird? Beim Aufbau der Übungen, bei meinen Forderungen an das Pferd sowie beim direkten Einwirken durch Stimme und Hilfengebung muss ich ständig Stimmung und Verfassung meines Pferdes beobachten und beachten. Ich muss sein Erleben nachvollziehen können und der Situation angemessen agieren oder reagieren. Ein Großteil meines Erfolgs beim Reiten wie bei der Bodenarbeit hängt von meiner Einwirkung auf die Psyche des Pferdes und somit von der „guten Beziehung" zwischen Pferd und Reiter ab.

Es gibt vier wichtige Ziele, die ich mit dem Pferd in Bezug auf dessen Psyche anstrebe:

> • Es soll motiviert sein, mit mir zu arbeiten.
> • Es soll seine Aufmerksamkeit auf mich richten.
> • Es soll Vertrauen zu sich selbst und zu mir haben.
> • Es soll sich während der Übungen entspannen und nicht aufregen.

Um diese Ziele zu erreichen, muss die Dominanz des Menschen durch bestimmte Übungen hergestellt sein und immer wieder in Übungen bestätigt werden.

Zudem muss ein Vertrauensverhältnis entstehen, in dem das Pferd den Menschen als berechenbar, zuverlässig, vertrauenswürdig und freundlich erlebt. Es folgt ihm dann fast wie einem Leittier in der Herde. Diese Verständigung und Beziehung zum Pferd lässt sich mittels Bodenarbeit leichter aufbauen als beim Reiten, da das Pferd gewohnt ist, seine Pferdegenossen neben oder vor sich zu sehen. Pferde verständigen sich über Körpersprache (Bewegung, Mimik, Atmung, Töne) und diese Formen der Verständigung machen wir uns zunutze.

Dominanz erzeugt in der Pferdepsyche auch Vertrauen, Sicherheitsgefühl und Willigkeit, wenn sie besonnen und nicht gegen die tief verankerten Grundbedürfnisse (körperliche Unversehrtheit, Futter, Wasser, Bindung an die Herde) des Pferdes ausgeübt wird. Das ist die Form der Dominanz, die das ranghöhere Pferd in der Herde ausübt. Für jedes Pferd ist es wichtig, seinen Platz in der Herde zu kennen. Dann fühlt es sich wohl, weil es sich vom Leittier beschützt fühlt. Pferde akzeptieren nur die Führung eines guten Leittieres. Macht der Mensch als Leittier jedoch Fehler, dann übernimmt das Pferd die Führung. Wenn ich z.B. das Pferd so führe, dass es sich verletzt, oder wenn ich unsicher bin und mein Anspruch auf die Führungsposition zweifelhaft erscheint, wird mir das Pferd nicht mehr folgen und mir nicht mehr vertrauen. Auch wenn ich zu wenig und zu unregelmäßig mit dem Pferd Kontakt habe und mit ihm arbeite, schwindet sein Vertrauen zu mir, da ich in seinen Augen nicht zuverlässig bin.

1.2 Rangordnung und Autorität

Wenn ich jemanden führen will, muss ich ihn da abholen, wo er sich mental und physisch befindet, und in der Weise mit ihm kommunizieren, die seinem Wesen entspricht.
Das gilt für Menschen wie für Tiere. Und da ich als Mensch derjenige bin, der führen will, muss ich die Sprache, in der Pferde kommunizieren, soweit es möglich ist, verstehen und anwenden können. Dominanz muss also in der Sprache des Pferdes ausgedrückt und geklärt werden. Ranghöhere Tiere dominieren mit natürlicher Autorität, kleinen Gesten, mit wenig Energieaufwand. Erbitterte Auseinandersetzungen mit Verletzungen gibt es nur bei Tieren, die in der Rangordnung niedrig und/oder fast gleichrangig sind. „Wer schreit, hat Unrecht" oder er irritiert nur. „Wer die Nerven verliert, hat schon verloren" – gerade bei Pferden. Ich muss zu

Wenn ich jemanden führen will, muss ich ihn da abholen, wo er sich mental und physisch befindet ...

jeder Zeit souverän, mit dem geringstmöglichen Aufwand und gerade so viel Druck, dass der gewünschte Effekt eintritt, handeln und reagieren.

Es gibt viele Formen der Dominanz: Wenn das Pferd nach mir beißt, ist dies ein deutlicher Versuch, meine Führung in Frage zu stellen und muss so klar und eindeutig zurückgewiesen werden, wie das ein anderes Pferd täte – auch mit Körpereinsatz!

Wenn ein Pferd seine Aufmerksamkeit von mir abwendet, z.B. wenn es beim Führen im Gelände am Strick zieht um zu grasen, ist dies ebenfalls ein Versuch, die Führung in Frage zu stellen, der eine klare Reaktion erfordert, zieht jedoch keine so heftige Korrektur meinerseits nach sich wie im Falle des Beißens! Dabei muss ich immer die Denkweise des Pferdes berücksichtigen. Druck oder Strafe ist nur dann sinnvoll, wenn das Pferd sie als solche versteht und auch auf das Richtige bezieht.

Sollte es einmal notwendig sein, die Stimme zu erheben und wirklich eindrucksvoll wütend zu wirken, muss ich innerlich trotzdem so ruhig und berechnend bleiben, dass ich sofort wieder freundlich werden und loben kann, wenn das Pferd der Forderung nachkommt. Das Pferd spürt diese Autorität und die innere Ruhe und akzeptiert den schwächeren Zweibeiner als Leittier. Ganz wichtig ist es, nach einer Verstärkung, z.B. dem Lautwerden, auch wieder ganz fein und leise aufzufordern. Nur weil man ein Kind einmal anschreien musste, schreit man ja auch nicht immer weiter, oder?

Der Ranganspruch ist bei Übungen mit dem Pferd ein Mittel des Dialogs, es geht nicht ums Beherrschen. Eigentlich haben alle Übungen etwas mit Dominanz ausüben zu tun: Wenn ich ein Pferd führe, bestimme ich, wo es langgeht, dann bin ich das Leittier und das Pferd akzeptiert meine Führung. Indem ich den Anspruch stelle zu bestimmen, wo und wie es geht, ob es zurücktritt oder zur Seite, übe ich in der Pferdesprache Dominanz aus und zeige mich als Alpha-Tier. Das Pferd darf sich mir anschließen, das gibt ihm Sicherheit und Wohlbefinden.

1.3 Dominanz herstellen

Zum Thema, wie man gegenüber einem Pferd Dominanz herstellt, gibt es inzwischen viele Erklärungsversuche in der einschlägigen Literatur. Um dem Pferd mitzuteilen, dass ich der Ranghöhere bin, wende ich das Prinzip an: Der Ranghöhere darf den Platz des Rangniederen beanspruchen.

Das bedeutet zum Beispiel, dass ein ranghöheres Pferd das Rangniedere vom Futterplatz, dem Wasser oder aus dem Unterstand verdrängen kann. Es läuft darauf hinaus, dass der Ranghöhere die Rangniederen weichen lässt, was von Pferden eindeutig verstanden wird. Wer mich zur Bewegung veranlassen kann, der steht im Rang über mir. Die Arbeit im Picadero (Roundpen) beruht auf diesem Prinzip. Das Longieren, jedes Treiben oder Bewegen des Pferdes (auch Rückwärts- oder Seitwärtsrichten) funktionieren so.

> *Der Ranghöhere darf den Platz des Rangniederen beanspruchen.*

Deshalb ist es ganz wichtig, dem Pferd im täglichen Umgang möglichst nicht auszuweichen.

Es gibt auch Ausnahmen, z.B. wenn Sie sich einfach in Sicherheit bringen müssen, weil Sie eben nicht so groß und kräftig sind wie das Pferd. Ein Beispiel: Sie stehen mitten in einer Herde und sehen, wie ein ranghöheres Tier nach einem Rangniederen beißt. Sie können absehen, dass das rangniedere in Ihre Richtung ausweichen muss und Sie nicht richtig wahrnimmt. In diesem Fall müssen Sie aus Sicherheitsgründen ausweichen. Wenn ein Pferd Sie nicht eindeutig wahrnimmt, aus Panik oder weil etwas anderes die Wahrnehmung behindert, sollten Sie zuerst an Ihre Sicherheit denken.

Wenn ein Pferd die Individualdistanz aggressiv unterschreitet (schnappen, beißen, drängeln), dann muss ich genauso reagieren wie ein ranghöheres Pferd und unter Umständen auch Körpereinsatz zeigen. Da ich in Wirklichkeit – das weiß mein Pferd aber glücklicherweise nicht – körperlich schwächer bin, muss ich sehr überzeugend wirken, eventuell Hilfsmittel, wie eine Gerte oder auch originellere, schnell greifbare und beeindruckende Gegenstände (Plastikkanister, Besen etc.) zu Hilfe nehmen. Dabei muss alles direkt und schnell gehen. Im Einzelfall muss man auch selbst einmal nach dem Pferd treten, z.B. wenn es den Menschen an die Boxenwand drückt. Damit verhalte ich mich nicht anders als ein bedrängter, angegriffener Ranghöherer in der Herde. Bei sensiblen Pferden reicht es oft auch schon aus, die Stimme zu erheben, um ein Fehlverhalten zu unterbinden. Man merkt sehr schnell, ob man Fräulein Mimose oder Herrn Rambo am Halfter hat. Wichtig ist nur: sofort und direkt reagieren, nichts und niemals etwas durchgehen lassen!

Diese Art des Umgangs, diese Arbeit gehört in den Bereich der Grunderziehung und dient nicht zuletzt Ihrer eigenen Sicherheit im Umgang mit dem Pferd. Angebracht sind solche „aggressiven" Methoden aber nur, wenn das Pferd die Autorität des Menschen in Frage stellt.

Bei der Ausbildung arbeitet man mit anderen Mitteln. Dem Pferd etwas beizubringen, funktioniert nicht mit Gewalt oder Schlägen. Doch ohne eine Grunderziehung ist gar keine Ausbildung möglich.

Ein Pferd erwirbt sich durch kleine Auseinandersetzungen seine Position in der Herde. Wenn es diese Position gefunden hat, fühlt es sich wohl und sicher. Das bedeutet jedoch nicht, dass das Pferd nicht von Zeit zu Zeit überprüfen muss, ob seine Position sich nicht noch verbessern lässt: Vielleicht kann ich ja den dicken Braunen auf einen Platz unter mir verweisen und komme so früher an das leckere Heu! Ein höherer Rang ist für die Energiebilanz des Pferdes attraktiv, es bedeutet, den anderen vom Futter vertreiben zu können, zuerst saufen zu dürfen, einen bevorzugten Schlafplatz beanspruchen zu können usw. Da ein Pferd auch mit dem Menschen auf dieser Ebene kommuniziert, werden auch wir von Zeit zu Zeit geprüft. Das kann ein ganz kleiner und relativ unauffälliger Test sein.

Beispiel: Ein Pferd, das sonst immer still steht, wenn der Reiter aufsteigt, läuft plötzlich los, noch bevor der richtig im Sattel sitzt. Reiter, die nicht darauf achten und die Sache nicht sofort klarstellen, schimpfen und das Manöver wiederholen, bis das Pferd wieder wie gewöhnlich still steht (und dann natürlich loben/belohnen), verlieren ihre Autorität. Sie haben für einen Moment die Führung dem Pferd überlassen. Dies führt dazu, dass das Pferd an seinem Leittier zu zweifeln beginnt, noch einmal testet usw.

Der Grundsatz lautet hier: Wehret den Anfängen, damit aus kleinen Tests nicht grobe Respektlosigkeit wird. Glauben Sie mir, man kann sich viel Ärger ersparen, wenn man diese ganz kleinen Dinge gebührend beachtet. Ist jedoch die vertrauensbildende Rangfolge nicht hergestellt, hat man immer Ärger, mit großen wie mit kleinen Dingen.

Aber bedenken Sie auch: Ein Test vonseiten des Pferdes ist keine Bosheit, sondern liegt in seiner Natur. Das Leittier muss von Zeit zu Zeit geprüft werden, ob es seiner Aufgabe auch gewachsen ist.

Je höher der Rang, desto geringer der Aufwand bei der Herstellung von Dominanz. Mein Ziel ist es, mit möglichst fein dosierten Einwirkungen mein Pferd dazu zu bringen, das zu tun, was ich will. Eine Drohgebärde wie ein erhobener Zeigefinger ist manchmal wirkungsvoller als ein Klaps. Je höher mein Rang ist, desto feiner und weniger körperlicher, sondern mehr psychologischer Natur sind meine Zeichen. Das Pferd versteht sie dennoch. Klingt paradox, ist aber so.

Je höher der Rang, desto geringer der Aufwand bei der Herstellung von Dominanz.

Wenn mein erhobener Zeigefinger keine Wirkung zeigt, dann muss ich den Druck steigern. Aber immer nur so viel Druck ausüben wie nötig. Warum sich unnötig verausgaben, wenn das Deuten mit dem Zeigefinger auf die Seite des Pferdes schon reicht, damit mein Pferd die Hinterhand herumbewegt? Mehr Druck als nötig nimmt mir jede Steigerungsmöglichkeit, kann unnötigen Widerstand erzeugen und das Vertrauen des Pferdes in mich erschüttern.

Ein Beispiel (gilt für ein erwachsenes Pferd): Wenn ich vor dem Pferd stehe, richte ich mein Pferd rückwärts, indem ich meinen Schwerpunkt nach vorne (Richtung Pferd) verlagere und „Zurück!" sage. Das ist eine feine Aufforderung. Falls nötig, tippe ich als Steigerung dem Pferd mit der Gerte leicht von vorne auf die Brust bzw. die Schulter, die sich rückwärts bewegen soll. Das ist eigentlich nur ein Hinweis, der sagt, „diese Schulter sollst du bewegen" (wie wenn man einem kleinen Kind durch

16

Berühren zeigt, welche Hand gemeint ist). Wenn dieser Hinweis jedoch nicht ausreicht, gebe ich dem Pferd einen Klaps auf die Brust und spätestens jetzt versteht es normalerweise und tritt rückwärts.

Soll das Pferd seitwärts weichen, darf ich dann natürlich nicht von vorne auf die Brust klopfen, sondern z.B. seitlich auf die Schulter. Sonst wird mein Pferd die Hilfen verwechseln und mich nicht verstehen. Einem in der Herde aufgewachsenen Jungpferd kann man das Rückwärts-, Seitwärtsweichen und Anhalten oft schon mithilfe von Bewegungslinien und Belohnung beibringen.

1.4 Treiben als Mittel der Dominanz

Treibend ein Pferd zur Bewegung zu veranlassen, ist ein Zeichen von Dominanz, dessen sollte ich mir immer bewusst sein. Ein kontinuierliches Wegtreiben aus der Gruppe ist eine heftige Form der Dominanzausübung. Für das Herdentier Pferd sind Nähe und Kontakt lebenswichtig. Wenn ich ständig mit Stricken und Seilen um mich werfe oder mit der Peitsche das Tier von mir wegtreibe, erschrecke ich es nur und es kommt ins Rennen. Ich muss mir bewusst sein, dass ich in der Pferdesprache damit erheblichen Druck ausübe und das Pferd aus unserer kleinen Herde ausschließe. Das ist so, wie wenn ich ein Kind ständig anschreie.

Das kann mal nötig sein. Aber wenn ich das „Kind" gerade kennen lerne oder ihm etwas beibringen möchte, muss ich sein Vertrauen gewinnen. Und das funktioniert nicht, wenn ich bedrohlich und unkontrolliert wirke. Ich muss für meinen Schüler – ob Kind oder Pferd – ein von Vertrauen und Sicherheit geprägtes, motivierendes Lernklima schaffen.

Der Dialog muss dominierende ebenso wie freundliche, beschwichtigende, motivierende Elemente enthalten und immer der Situation angemessen sein. Deutlich für respektlose Pferde, fein für sensible, aufmerksame Pferde.

Druck auf das Pferd auszuüben, ist nur scheinbar eine Abkürzung auf dem Weg der Ausbildung. In einer Showsituation kann man damit kurzfristig erfolgreich das Publikum blenden.

Aber ich will im Pferd einen Partner haben, der gerne und entspannt mit jedem Menschen arbeitet, also gebe ich dem Pferd die Chance, sich schrittweise an Sattel, Zaumzeug und an den Reiter zu gewöhnen, statt in einer halben Stunde alles auf einmal zu verlangen.

Der Stress, der bei einem Pferd entsteht (umso mehr, wenn es noch jung und roh ist), wenn es ständig getrieben wird, lässt es zu Showzwecken schnell nachgeben. Aber ob dieser Effekt von Dauer ist, wage ich zu bezweifeln. Wenn ich also im Roundpen treibe, muss ich wissen, was ich tue und welches Ziel ich verfolge, und das Pferd muss das auch verstehen können.

Wenn ich ein von Hand aufgezogenes Jungpferd vor mir habe, ist das etwas völlig anderes, als zum Beispiel mit einem Korrekturpferd zu arbeiten. Ein solches Fohlen hat mit zwei, drei Jahren schon viel gelernt und wurde freundlich an den Umgang mit Menschen und dessen höheren Rang gewöhnt. Es wurde hoffentlich mit viel Lob erzogen und nur dann bestraft, wenn das wirklich nötig war.

In Europa basiert die Ausbildung des Pferdes seit langem auf der Ideologie, dass das Pferd mehr wert sei als sein Sattel (anders als im Wilden Westen, da war es umgekehrt). Das Pferd war und ist ein Wert, dessen Arbeitskraft lange erhalten werden sollte. Daraus entstanden in Europa Ausbildungssysteme, die nicht vergleichbar sind mit dem zu Recht berüchtigten Schnellverfahren des „Einbrechens" im Westen der USA. Verglichen damit waren und sind die Methoden der so genannten Pferdeflüsterer natürlich ein Fortschritt, aber es geht eben auch anders und noch besser. Ich halte übertriebenes Treiben mit dem Ziel, in kürzester Zeit ein Pferd gefügig zu machen, für eine psychische Gewaltanwendung und daher für falsch. Es kann sein, dass intensives Treiben bei einem respektlosen Pferd nötig ist, weil es sonst meine Autorität nicht anerkennt. Aber meistens ist es nicht nötig, wenn das Pferd schonend und ohne Überforderung ausgebildet wurde.

Manche erzählen mir: „Ich treibe mein Pferd zweimal in der Woche im Roundpen, das hilft!" Solch ein Pferd wird aber nicht mehr durch das Treiben beeindruckt, es hat lediglich gelernt, was erwartet wird. Durch die Gewöhnung ist damit der eigentliche Effekt verpufft, die Bedrohung wurde zur Routine.

Ähnlich verhält es sich, wenn wir ständig mit klopfenden Schenkeln reiten: Das Pferd geht deswegen nicht schneller oder besser, es hat sich daran gewöhnt und reagiert häufig gar nicht mehr. Wird jedoch ein sensibles Pferd auf einmal mit klopfenden Schenkeln bearbeitet und dadurch erschreckt, geht es möglicherweise durch.

Dominanzausübung ist also wichtig, aber mit Maß und Verstand. Vor allem geht es immer wieder um die Frage, ob das Pferd mein Verhalten richtig versteht und meine Handlungen richtig auf sein Verhalten bezieht.

Ein verantwortungsbewusstes Leittier stellt Dominanz her, nutzt sie aber nicht grenzenlos aus, denn auch das Leittier ist auf die Herde und ihren Schutz angewiesen.

Überforderung oder falsch gestellte Aufgaben, die zur Frustration des Pferdes führen, blockieren die Ausbildung, zerstören die Motivation und die Aufnahmefähigkeit. Wichtig ist dabei, zwischen Erziehung (du darfst mich nicht beißen und musst ausweichen ohne zu drängeln) und Ausbildung zu unterscheiden. In der Grunderziehung oder Korrektur kann es sein, dass man sehr deutlich seine Position vertreten muss. In der Ausbildung zählen kleine Schritte und eher leise Töne. Kein Lebewesen lernt etwas, wenn es angebrüllt wird oder unter Zwang arbeiten soll. Verunsicherung, Verspannung und Angst sind die Folge. Unter Druck und Zwang gelernte Bewegungsmuster unterscheiden sich deutlich von lockeren Bewegungsabläufen, z.B. bei der Piaffe oder den zirzensischen Übungen.

Ich arbeite mit und nicht gegen die Psyche des Pferdes. Ich versetze es innerlich in einen Zustand, der zur Zusammenarbeit führt.

Ein Beispiel: Das Pferd will nicht durch eine Pfütze gehen. Die Pfütze ist für ein Pferd ein gefährliches Loch – es weiß ja nicht, dass sie nur flach ist – und wir müssen ihm beibringen, dass wir als Leittier das Hindernis wahrgenommen und als harmlos eingestuft haben. Man steigt ab, führt das Pferd etwas weg von der Pfütze und treibt es mit ruhiger, entschlossener Gestik ein wenig um sich herum. Hat es sich beruhigt, kann man wieder zur Pfütze zurückkehren und das Pferd hindurchfüh-

ren oder hindurchtreiben. Dabei – und das ist ganz wichtig! – tief ausatmen oder sogar gähnen. Übersetzung für das Pferd: Ich bringe dich
zur Ruhe durch meine Stärke. Du kannst mir vertrauen, ich bin stark
und passe auf dich auf, du aber musst mir folgen. Das Pferd wird durch
das Treiben ruhiger. Die Bewegung durchbricht seinen Widerstand und
den Wunsch, stehenbleiben zu wollen. Wir signalisieren durch unser
deutliches Ausatmen oder Gähnen, wie langweilig und ungefährlich die
Sache ist. Halten wir die Luft an oder atmen schnell, registriert das
Pferd unsere Anspannung und folgert, dass die Pfütze gefährlich ist.
Übrigens: Wenn es bei Ihrem Pferd in so einer Situation nicht mit dem
Treiben klappt, dann versuchen Sie es mit Rückwärtsrichten. Entscheidend sind in solchen Situationen die drei Schritte: Autorität/Dominanz
herstellen bzw. bestätigen, den Bewegungswiderstand überwinden,
Ruhe und Gelassenheit ausstrahlen.

Ein weiteres Beispiel: Mir wurde eine elfjährige Trakehnerstute vorge-
stellt, die sich weigerte, über auf dem Boden liegende Stangen zu treten. Die Besitzerin klagte, dass schon etliche Leute erfolglos versucht
hätten, das zu ändern. Ich forderte die Besitzerin auf, mit dem Pferd
über die Stangen zu treten und sah, dass die Stute an der Frau vorbei,
links um die Stange drängelte und so dem Treten über die Stange aus-
wich. Aufgrund der vielen bereits misslungenen Versuche wäre es wahrscheinlich beim Treiben von hinten zu einem Kampf gekommen. Das
war also ausgeschlossen. Ich ließ die Besitzerin das Pferd an die Stange
führen, dort sollte das Pferd den Kopf senken und die Stute erhielt ein
Leckerli, als sie die Nase tief unten an der Stange hatte. Dadurch lernte
sie, dass die Stange ungefährlich ist, und konnte sie in Ruhe betrachten. Das allein hätte natürlich noch nicht ausgereicht, ein festgefügtes
Verweigerungsmuster zu durchbrechen. Deshalb legte ich eine weitere
Stange im Winkel so an die erste an, dass die Stute – gleich was sie
tat – nur die Wahl hatte, über die eine oder die andere Stange zu treten. Dabei trieben wir ganz vorsichtig von hinten. Als das Pferd wie immer versuchte, der ersten Stange auszuweichen, lag plötzlich im vermeintlichen Ausweg die zweite Stange. Sie entschied sich unvermittelt,
über die ihr vorher vertraut gemachte erste Stange zu treten.

Beim zweiten Versuch ergänzte ich auch auf der anderen Seite eine Stange. Die Besitzerin führte das Pferd in das Stangen-U. Beim Antreten der Stute legte ich eine vierte Stange hinter sie und schloss so das Viereck, bevor das Pferd einen Versuch machen konnte, rückwärts auszuweichen. Wieder trat die Stute über die vordere Stange.

Einige Wiederholungen mit dem offenen Viereck in den darauf folgenden Bodenarbeitsstunden lösten das Problem so nachhaltig, dass Stangen, auch im Trab und unter dem Reiter, später kein Problem mehr waren.

2 *Grundlagen der Bodenarbeit*

Jede Form von Arbeit mit dem Pferd sollte für das Tier abwechslungsreich sein und belohnt werden. Gefordert zu werden macht dem Pferd Spaß, wenn es die Anforderung versteht, das Gefühl hat, die Aufgabe erfüllen zu können und danach belohnt wird. Bodenarbeit, Longieren, Spazierengehen, Dressur, etwas Springgymnastik und Ausreiten sollten sich ergänzen. Wechseln Sie immer ab: Lösen Sie bei der Dressurarbeit immer erst im Trab? Dann lösen Sie heute mal auch im Galopp. Sie werden sehen, wie aufmerksam und wach ihr Pferd auf einmal ist. Und nicht vergessen: Zu Beginn fünf Minuten Schritt sind zum Warmmachen der Gelenke absolutes Minimum, damit diese mit Flüssigkeit versorgt werden.

Einen entscheidenden Anteil am Erfolg bei der Arbeit mit dem Pferd hat die eigene innere Haltung. Welche inneren Bilder vermittle ich dem Pferd? Wenn ich die ganze Zeit mit mir beschäftigt bin, zweifle, ob das Pferd mich versteht oder mir folgt, mich frage, ob ich alles richtig mache, nimmt das Pferd diese Unsicherheit wahr. Das Pferd spürt meine besorgte innere Haltung und weiß nicht, was es tun soll.
Damit das Pferd mir zuhört, muss ich mit meiner Aufmerksamkeit bei ihm sein, ihm „zuhören". Wenn Sie schlecht gelaunt und unzufrieden mit sich selbst sind, bezieht Ihr Pferd das auf sich und reagiert vielleicht ängstlich-abwehrend oder es verschließt sich, denn es denkt, es hätte etwas falsch gemacht. Pferde sind wie kleine Kinder, sie reagieren auf alles um sich herum, nehmen es auf und spiegeln es.
Wenn wir einen Menschen vor uns haben, der uns nicht zuhört, sondern viel mehr mit sich und seinen Ängsten beschäftigt ist, dann merken wir das schnell. Pferde erfassen das noch schneller. Auch eine betont forsche Haltung, hinter der sich Unsicherheit verbirgt, wird vom Pferd schnell enttarnt.
Unsere Unsicherheit bedeutet aber für das Pferd, dass es selbst die Führung übernehmen muss. Pferde durchschauen uns und spiegeln unsere Verfassung in ihrem Verhalten. Mal verunsichert sie sie, mal reagieren sie „unkooperativ" (weil wir ihnen suggerieren, dass wir heute nicht führen können, weil wir nicht bei der Sache sind).

Aber – und das ist die gute Nachricht – wenn wir bewusst an unserer eigenen inneren Ruhe und Souveränität arbeiten, führt dies oft zu erstaunlichen Fortschritten mit dem Pferd.

Um sinnvoll und zielgerichtet mit dem Pferd zu üben (am Boden oder unter dem Sattel), gibt es ein paar Grundsätze, die Sie immer beherzigen sollten, gleichgültig woran Sie gerade arbeiten:

1. Die Anforderungen langsam steigern.
2. Nie überfordern, immer mit einer Übung abschließen, die das Pferd gut kann, sodass man die Übungseinheit mit einem Lob beenden kann.
3. Wenn das Pferd eine Übung falsch macht, einen Schritt zurückgehen: Was im Galopp nicht geht, im Trab versuchen. Was im Trab nicht geht, wieder im Schritt und vom Boden aus abfragen. Was auf enger Wendung nicht geht, auf einer größeren Wendung versuchen usw.
4. Regelmäßig, oft und in kurzen Einheiten mit dem Pferd arbeiten.

2.1 Bewegungslinien

In einer Herde muss ein Pferd deren Regeln beachten. Diese Regeln werden durch Bewegung ausgedrückt. Daher sind Pferde sorgfältige Beobachter von Bewegungen und deren Richtung. Es gibt Pferde in der Herde, die ranghöher sind, diesen muss es ausweichen. Andere Tiere, die im Rang niedriger sind, müssen ihm ausweichen. In der gemeinsamen Bewegung zeigt sich die Verbundenheit und die Rangordnung in der Gruppe: Wer führt? Wer gibt die Richtung an? Wer läuft vor, neben, hinter wem? Wer bewegt wen? Wer muss warten? Wer hat „Vorfahrt"? Diese ständige Kommunikation innerhalb einer Herde ist einerseits durch die Rangordnung genau festgelegt, andererseits ist sie kontinuierlich im Fluss.

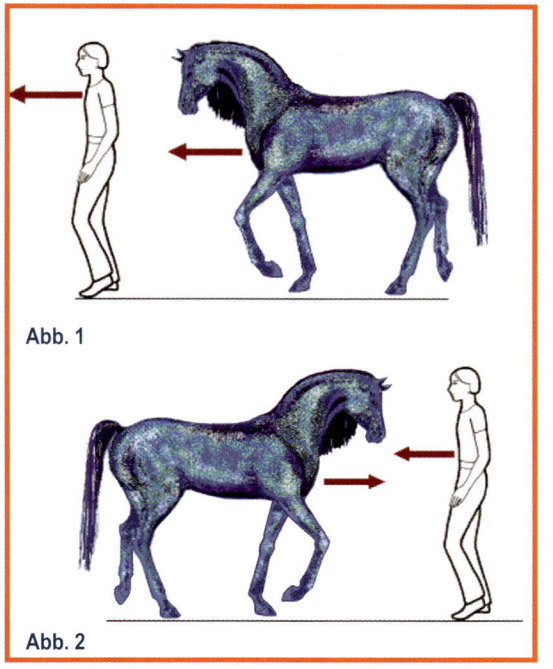

Abb. 1 zeigt eine mögliche Position und Bewegungslinie beim Führen. So führt die Stute ihr Fohlen, indem sie vorangeht. Diese Führposition gibt dem Pferd Sicherheit, weil es mental in die Rolle des Fohlens zurückfällt. Dreht sich der Führende um und tritt dem Pferd entgegen, stoppt es normalerweise. (Abb. 2).

Abb. 1

Abb. 2

Wenn ein Pferd in der Herde gelernt hat, auf die Bewegungen der anderen und die Richtung ihrer Bewegung (Bewegungslinien) zu achten, können wir dieses Verhalten nutzen, um uns im Dialog mit dem Pferd verständlich zu machen und es dazu zu bringen, sich so zu bewegen, wie wir das wollen.

Führpositionen

Es gibt drei Führpositionen: Abb. 1 zeigt die erste. Der Führer ist über den Führstrick mit dem Pferd verbunden. Das Pferd läuft hinter dem Führer her. Das Pferd muss Abstand halten, darf nicht drängeln, es muss sofort anhalten, wenn der Führende stoppt und es muss rückwärts treten, wenn der Führende rückwärts geht.

Abb. 3

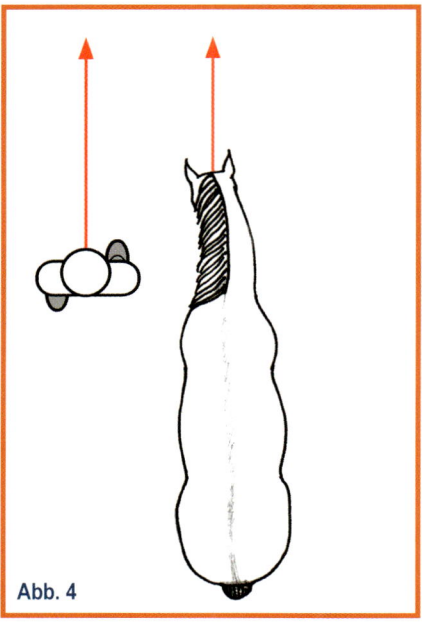

Abb. 4

Position zwei

Die zweite Position ist die gebräuchlichste (Abb. 3 und 4): Das Pferd läuft neben dem Menschen her. Eine Hand hält den Strick nahe am Maul, die andere hält das Ende des Stricks und die Gerte. Der Strick ist locker. Der Führende führt so, dass seine Hand nicht unbewusst Druck auf die Nase des Pferdes ausübt. Die Hand muss so leicht und sensibel sein, dass der Führende kleine Impulse geben kann, wenn das Pferd nicht auf die Stimmhilfe antritt oder anhält. Druck wird nur dann ausgeübt, wenn das Pferd am Strick zieht. Wichtig dabei ist, dass das Pferd nicht mit der Schulter überholt, denn das würde bedeuten, dass das Pferd ranghöher ist als der Führende.

Widerstehen Sie der Versuchung, sich beim Führen dem Pferd zuzuwenden, gerade dann, wenn es zögert oder zu langsam ist. Das wäre genau falsch. Den Körper zum Pferd hin zu wenden, ist in der Pferdesprache das Signal zum Anhalten, weil Ihre Bewegungslinie dann den Weg des Pferdes schneidet (vgl. Abb. 5).

Denken Sie daran: Gehen Sie zielstrebig und zügig vorwärts. Wenn Sie trödeln, wird Ihr Pferd das auch tun. Wenn das Pferd folgen soll, müssen Sie ihm vermitteln, dass Sie wissen, wo Sie hinwollen. Pferde lernen in Bewegungsmustern und wenn ich will, dass mein Pferd einen schönen Schritt zeigt, dann muss ich ihm mit gutem Beispiel voranschreiten.

Sie geben Ihrem Pferd widersprüchliche Signale, wenn Sie gleichzeitig am Führstrick ziehen, „Komm!" sagen, aber mit dem Körper bremsen, weil Sie sich dem Pferd zuwenden. Die Überschneidung der Bewegungslinien bremst das Pferd (Abb. 5).

Position drei

Die dritte Position, von der aus ich mein Pferd führen kann, ist von schräg hinten (Abb. 6 und 7). Sie wird in der Regel vom Longierenden eingenommen. Auch hier bestimmt meine Körperrichtung, wie und wohin das Pferd geht. Richte ich meinen Körper gerade nach vorne, geht das Pferd geradeaus vorwärts. Wende ich meinen Körper dem Pferd zu, treibe

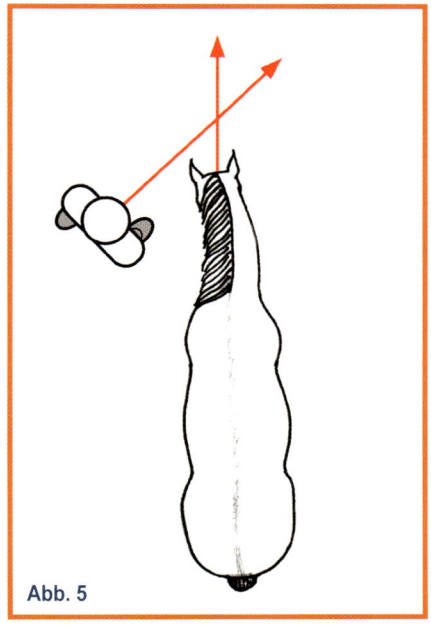

Abb. 5

ich die Hinterhand von mir weg, sodass das Pferd um mich herum läuft (bis hin zur Vorhandwendung), da es vorne durch den Strick oder die Longe begrenzt wird.

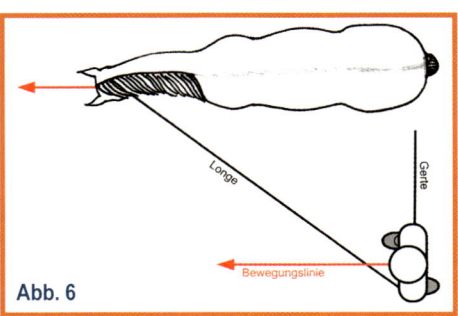

Abb. 6

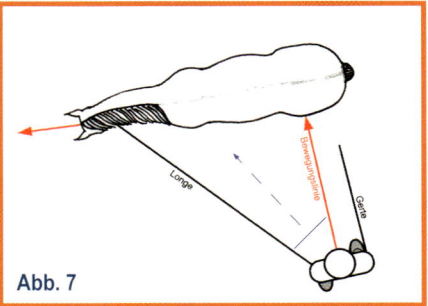

Abb. 7

Mit dieser Form des Führens bzw. Treibens erreichen wir letztlich die Bewegung auf dem Kreisbogen. Da ich beim Longieren die Vorwärtsbewegung des Pferdes erhalten will, stehe ich etwas weiter vorne als beim Führen von hinten.

Die Bewegungslinie (blaue Linie in Abb. 7) trifft auf den hinteren Bereich des Pferdes. Je nachdem, ob Sie sich dann mehr der Hinterhand zuwenden oder mehr der Vorderhand, wirken Sie eher treibend oder verwahrend.

2.2 Was will und kann ich erreichen?

Die Möglichkeiten und Grenzen der einzelnen Übungen und Trainingsmethoden zu kennen und sich ihrer bewusst zu sein, ist wesentlich für ein systematisches Training.

Bodenarbeit

Wenn ich mit einem neuen oder jungen Pferd zu arbeiten beginne, steht zuerst Bodenarbeit auf dem Programm. Jede neue Lektion übe ich erst am Boden und dann unter dem Sattel. Manchmal trainiere ich der Abwechslung halber am Boden anstatt zu reiten oder beginne zum Aufwärmen damit die Reitstunde. Ganz wichtig ist Bodenarbeit natürlich für junge Pferde als Vorbereitung auf das Anreiten. Oder bei einem älteren Pferd, wenn eine neue Bezugsperson mit ihm arbeitet, beispielsweise ein neuer Reiter. Sie bietet sich aber auch zur Schonung von Pferd und Reiter an, wenn nicht geritten werden darf oder der Reiter nicht fit ist.
Am Boden kann ich vieles vorbereiten und erreichen, was mir auch später beim Reiten hilft: Das Pferd richtet seine Aufmerksamkeit auf mich, es entsteht eine Beziehung. Es lernt, die Hilfen, die ich gebe, zu verstehen. Außerdem erwirbt es die körperlichen Voraussetzungen dafür, geritten zu werden. Auf jeden Fall arbeitet man immer dann vom Boden aus, wenn ein Pferd erregt ist, und zwar so lange, bis es wieder ruhig und konzentriert ist. Auch während einer Reitstunde kann man zwischendurch absteigen und eine Übung am Boden vorarbeiten oder das Pferd wieder ins Gleichgewicht bringen. Das ist besser als Falsches zu üben, indem man auf einem erregten, angespannten Pferd den Feh-

ler fortwährend wiederholt oder ein „auf der Leitung stehendes" Pferd unter Druck setzt.

Mittels Bodenarbeit kann ich meinem Pferd die Kommandos für Schritt, Trab, Galopp, Stopp aus jeder Gangart, Zurück, Seitwärts, die Vorhand- und die Hinterhandwendung beibringen.

Aber sie hat noch andere Effekte: Das Pferd soll sich korrekt führen lassen, der Mensch muss korrekt führen, dadurch wird die Aufmerksamkeit des Pferdes auf den Menschen gelenkt und die Rangordnung festgelegt. Es kann auch schon an der Durchlässigkeit gearbeitet werden, an der grundsätzlichen Bereitschaft des Pferdes, sich auf den Menschen einzulassen und konzentriert und entspannt mitzuarbeiten. Das Pferd kann schon vom Boden aus den Weg in die Tiefe nach vorwärts-abwärts finden, als Vorbereitung und Ergänzung zur Longenarbeit und zum Reiten.

Arbeit unter dem Reiter

> 1. Das Pferd muss die Hilfen verstehen, die ich gebe.
> 2. Das Pferd muss die körperliche Fähigkeit haben, um die gestellten Aufgaben erfüllen zu können.

Beim Reiten soll sich das Pferd durch „Kreuz-", Schenkelhilfen und halbe Paraden (Achtung: Das ist auch die richtige Reihenfolge dieser Hilfen!) vertrauensvoll an den Zügel dehnen, d.h. es soll den Hals nach vorwärts-abwärts fallen lassen. Dabei soll es den Rücken aufwölben und „schwingen".

Später soll es vermehrt Gewicht mit der Hinterhand aufnehmen und sich vorne immer mehr aufrichten (der Weg in die Versammlung). Es wird ein positiver Spannungsbogen erarbeitet.

Um das zu erreichen, muss der Reiter eine Vorstellung vom Zusammenspiel von „Kreuz-", Schenkel- und Zügelhilfen haben, geschmeidig sitzen können und Kenntnis der Bewegungsmechanik des Pferdes mitbringen. Der Reiter muss auch lernen, dem Pferd innere Bilder zu vermitteln und sie mit dem Pferd zusammen umzusetzen. Das ist die

Kunst des Reitens. Wer einmal erlebt hat, mit seinem Pferd so im Einklang zu sein, der vergisst dieses Gefühl nicht mehr, denn auf einmal fühlt sich alles richtig, weich und leicht an.

Das Pferd soll sich weich beschleunigen und verlangsamen lassen, sowohl innerhalb der einzelnen Gangarten, als auch in ihren Übergängen. Dazu muss der Reiter um die treibenden und verhaltenden Hilfen wissen und spüren, wie viel davon jeweils sein Pferd braucht.

Das Pferd soll sich aus jeder Gangart anhalten und rückwärtsrichten lassen, sich auf gebogenen Linien und auf der Geraden in Stellung und Biegung reiten lassen. Zur Grundausbildung gehört auch das Seitwärtstreten im 30°- und 45°-Winkel zur Bande. Zuerst im Schritt, später auch im Trab und je nach Talent im Galopp. Voraussetzung dafür sind eine weiche Anlehnung und die jeweils korrekte Biegung des Pferdes, ohne dass es sich verkrampft. Der Reiter muss dafür feine Technik und psychologisches Einfühlungsvermögen entwickeln.

Alle Hufschlagfiguren, Lektionen und Übungen haben letztlich den Zweck, das Pferd schrittweise zu versammeln und es durchlässig für die Hilfen zu machen. Ich nenne das „innere Hingabe". Nur so entsteht Harmonie.
Dieser Weg ist die einzig wahre, schonende und gesundheitserhaltende Art Pferde zu reiten und zu gymnastizieren. Nicht zuletzt ist ein durchlässiges Pferd auch ein sicheres Pferd, da es in jeder Situation kontrolliert werden kann!

2.3 Richtig Üben

In jeder Übungseinheit, ob vom Boden aus oder unter dem Reiter, wiederholen wir mit einem ausgebildeten Pferd das schrittweise Training durch die Ausbildungsstufen.
Das kann ich vom Boden aus z.B. mit folgenden Übungen erreichen:

1. Korrektes Führen: geradeaus, abwenden, Zirkel, Volten, Schlangenlinien usw.
2. Übergänge: Schritt-Stopp, Trab-Schritt, Trab-Stopp etc.
3. Halten-Rückwärtsrichten-Antreten
4. Seitwärts an der Hand in beide Richtungen weichen lassen

Nach jeder kleinen Übungseinheit, z.B. nach einem Übergang vom Trab in den Schritt, loben!

Bei neuen oder besonders schwierigen Übungen vor der nächsten Wiederholung eine kleine Denkpause für das Pferd einlegen. Zählen Sie im Kopf bis 40, bevor sie die nächste Übung beginnen. Tatsächlich begreifen und merken sich Pferde Neues besser mit einer kleinen Denkpause. Aber pausieren Sie auch nicht zu lange, sonst wendet das Pferd seine Aufmerksamkeit anderen Dingen zu oder langweilt sich und schaltet ab. Ein aufgeregtes oder leicht erregbares Tier braucht mehr und deutlichere Pausen, ebenso Pferde, die langsam lernen. Bei einem leicht erregbaren Pferd ist etwas Gespür für die Pausen notwendig: Regt es sich auf, muss länger pausiert werden, lässt die Konzentration nach, war die Pause zu lang.

Üben Sie Neues lieber in kurzen Einheiten, da sich gerade junge Pferde nicht lange konzentrieren können. Teilen Sie komplexe Übungen in Einzelschritte auf, die dann Punkt für Punkt abgearbeitet werden können.

Übrigens, Pferde haben ein begrenztes Aufnahmevermögen für Kommandos: Verwenden Sie deshalb immer das gleiche Stimmkommando und das gleiche Körpersignal für eine bestimmte Übung. Also, nicht heute „Steh!" und morgen „Halt!". Ungünstig sind außerdem Zusatzwörter wie „und". „Und halt!" ist als Kommando nicht so deutlich wie „Halt!"

2.4 Loben und Belohnen

Besonders schwierige Übungen sollten mit einem Leckerli belohnt werden. Das kann ein Pferdeleckerli sein, ein Stück Apfel oder Karotte. Darauf kommt es nicht an und kleine Happen reichen völlig.

Geben sie aber nur dann ein Leckerli, wenn es wirklich etwas zu loben gibt und das Pferd sich besondere Mühe gegeben hat bzw. etwas Neues (im Ansatz) richtig ausgeführt hat.

Vor allem **niemals** ein Leckerli geben, wenn das Tier bettelt! Das kann man gar nicht deutlich genug sagen.

Stellen Sie sich vor, Ihr Pferd scharrt am Putzplatz mit dem Huf und es bekommt ein Leckerli. Was hat es jetzt gelernt? – Wenn ich mit dem Huf scharre, dann werde ich mit einem Leckerli belohnt. Damit erzieht man lästige und gesundheitsschädliche Unarten an, die nur schwer wieder abzugewöhnen sind.

Scharrt Ihr Pferd schon? Probieren Sie Folgendes: Es erhält seine Belohnung nur, wenn es gutes Benehmen zeigt, also stillsteht. Wenn nicht, gibt es kein Leckerli. Sagen Sie „Nein!" und warten Sie kurz ab, bis es wieder stillsteht. Dann erst können Sie ein Leckerli geben, solange es still steht und nicht scharrt. Konsequenz ist gefragt!

> *Nie ein Leckerli geben, wenn das Pferd bettelt!*

Was versteht mein Pferd als Lob bzw. Belohnung?

1. Druck wegnehmen (treibende Hilfen, am Zügel/Halfter nachgeben).
2. Freundliche Stimme mit Lob (auch hier immer das gleiche Wort verwenden).
3. Pausen, in denen das Pferd kurz nachdenken bzw. die gelungene Aufgabe im Pferdegedächtnis abgespeichert werden kann.
4. Futter als besondere Verstärkung für das richtige und gute Lösen einer Aufgabe.
5. Beim/Nach dem Reiten: Absteigen und die Arbeit beenden. wälzen lassen, in die Herde entlassen.

Am wirkungsvollsten ist oft eine Kombination aus Lob, einer kleinen Pause und einem Leckerli. Futter ist der höchste Grad der Belohnung. Ich lobe ein Pferd mit der Stimme, weil es immerhin drei Schritte nach meinem Kommando angehalten hat. Wird das gegebene Kommando zum Halten sofort befolgt, bekommt es Lob und Leckerli. Diese Abstufung hat eine erstaunlich klärende Wirkung. Die Pferde bemühen sich, es genau richtig zu machen, um das Leckerli zu erhalten. So wird ihnen klar, welcher Bewegungsablauf gewünscht ist.

Wichtig beim Belohnen mit einem Leckerli ist auch, dass das Pferd nicht gierig danach schnappt, sondern es ruhig aus der Hand nimmt, und dass dabei nicht die Konzentration verloren geht. In so einem Fall die Hand mit dem Leckerli noch einmal wegziehen und einen Augenblick warten, bis sich das Tier wieder beruhigt hat, und dann wieder anbieten.
Wie das Pferd ein Leckerli nimmt, ist ein Gradmesser für seinen Erregungszustand. Ein übermäßig aufgeregtes Pferd frisst nicht, denn Kauen entspannt und deutet auf Entspannung.
Piaffiert ein Pferd zum ersten Mal oder legt sich auf Kommando hin, dann kann auch mal eine größere Futterbelohnung angebracht sein, aber die Belohnung muss immer im Verhältnis zur Leistung stehen.
Ein Pferd wird nicht mit Leckerli belohnt, wenn es die Übung ohne Aufforderung vorwegnimmt. Nicht schimpfen, aber auch nicht loben, wenn das mal passiert. „Nein!" sagen und das Verhalten unterbinden, falls das regelmäßig vorkommt.
Macht Ihr Pferd Ihnen damit aber ein besonderes Angebot, dann können Sie auch einmal schnell das entsprechende Kommando geben und belohnen.

Bei jungen Pferden (meistens bei Wallachen) oder bei nicht konsequent erzogenen kommt es vor, dass sie so nach Leckerli gieren, dass ein ruhiges Führen nicht mehr möglich ist, weil sie permanent schnappen und die Distanz unterschreiten. Das Problem kann durch konsequente Erziehung behoben werden, aber man muss eine Zeit lang leider völlig darauf verzichten, aus der Hand zu füttern. Möglicherweise kann man trotzdem mit Leckerli belohnen, indem man die Belohnung mit einem Kommando verknüpft wie „Kopf-tief!" oder „Such!" und das Leckerli

Abb. 8: Selina und Nadja üben Schulterherein auf der Koppel am Halfter mit feinen Körpersignalen.

vom Boden aufnehmen lässt. Auch eine Belohnung vom Sattel aus ist denkbar. Solchen Pferden ist es schlicht nicht möglich, die Führhand von der „Futterhand" zu unterscheiden. Sie suchen ständig mit dem Maul nach Futter, wodurch das Führen und die Arbeit an der Hand sehr schwierig werden, da das Tier nicht bei der Sache ist. In so einem Fall also erst einmal auf das Füttern verzichten.

2.5 Führen

Bei der Bodenarbeit wird das Pferd an der Hand geführt. Die Hand übt keinen dauerhaften Druck auf den Kopf aus. Das Pferd soll das Gefühl haben freiwillig mitzugehen. Die Hand soll als feiner Impulsgeber vom Pferd erlebt werden. Um im Schritt loszugehen, gibt man gleichzeitig Stimmkommando und Körpersignal, bevor ein kurzer Impuls am Zügel oder Führstrick folgt, falls das dann überhaupt noch nötig ist. Gleiches gilt für das Antraben, Stoppen, Seitwärts- oder Rückwärtstreten.

Wenn das problemlos funktioniert, kann ich zur nächsten Übung übergehen, bei der das Pferd ohne Führstrick mit mir mitläuft und allen
Kommandos folgt. Das entspricht der Natur des Pferdes, so wie das
Fohlen der Mutterstute folgt oder das Herdenmitglied der Leitstute.
Aufpassen muss man, wenn ein anderer Trieb (z.B. Hunger) das Pferd
ablenkt (oder ich gerade auf der heimatlichen Weide neben der Herde
trainiere).

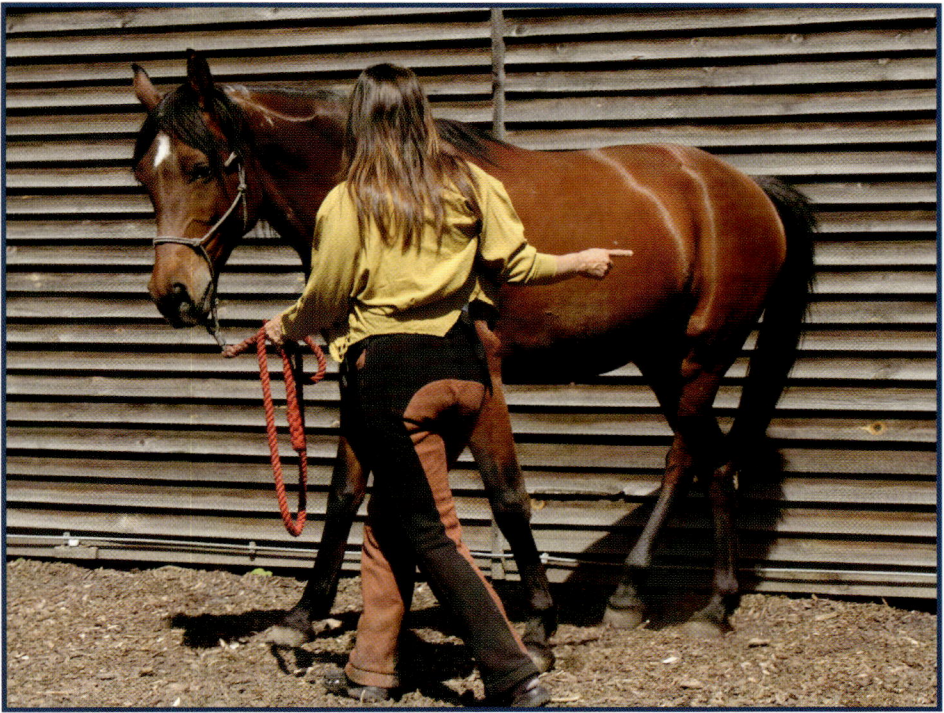

Abb. 9: Ritu übt mit der vierjährigen Sahira das Seitwärtstreten.

Abb. 10: Schulterherein in 45 Grad Abstellung wirkt dehnend und lösend. Bodenarbeit vermittelt dem angehenden Reiter unentbehrliches Grundwissen im Umgang mit dem Pferd.

2.6 Longieren

Nach dem Führen ist das Longieren der zweitwichtigste Bereich der Bodenarbeit. Am besten ist es, das Longieren nach und nach aus dem Führen zu entwickeln, indem der Führstrick immer länger gelassen wird. Zusätzlich gibt es aber noch ein paar wichtige Punkte zu beachten: Ein junges Pferd nur zwei bis drei Runden laufen lassen; die Trainingsdauer langsam steigern. Bis das Pferd zwei Jahre alt ist, nicht mehr als zehn Runden auf jeder Hand longieren, abwechselnd Schritt und Trab, auch Galopp (aber nicht zwingend).

Je enger die Wendung und je höher das Tempo, umso größer ist die Belastung für die Gelenke. Will man frühzeitigen Verschleiß vermeiden, dann heißt es „langsam mit den jungen Pferden"!

Zu lange longieren schadet übrigens auch den Gelenken erwachsener Pferde, außerdem leidet die Motivation unter dem stupiden „Runden drehen".

Junge Pferde lernen schnell, aus Langeweile oder Überforderung Unsinn zu treiben, wenn sie zu lange im Kreis laufen müssen. Ich lehre die jungen Pferde lange Zeit, nur wenige Runden um mich herum zu laufen, erst im Schritt, dann im Trab. Daraus entsteht das Longieren ganz allmählich. Das Pferd wird nicht unvermittelt mit der großen Freiheit an der langen Leine konfrontiert, sondern die Entfernung von mir wächst immer nur so weit, wie es sich benehmen kann. Dabei wird ebenso wenig gebuckelt wie wenn ich das Pferd führe.

Die Longe als Verbindung zum Pferd muss so gespannt sein, dass das Pferd nicht hineintreten kann, aber so locker, dass kein Dauerzug auf den Pferdekopf ausgeübt wird. Es empfiehlt sich, die Longe vorher in der Hand in Schlaufen zu legen, sodass man sie gut herauslassen oder verkürzen kann. Zu Beginn des Longentrainings am besten auf einem kleinen Kreis mitgehen, um den Abstand zum Pferd gering zu halten. So bleiben Kontrolle und Einwirkung erhalten.

Bei manchen Pferden ist es wiederum ratsam, ruhig im Mittelpunkt des Zirkels stehen zu bleiben oder nur wenig mitzugehen. Probieren Sie aus, wie Ihr Pferd reagiert: Richtig ist es, wenn das Pferd ruhig und konzentriert bleibt.

Grundsätzlich stehen oder gehen Sie immer näher zur Hinterhand des Pferdes als zur Vorderhand, das wirkt treibend. Die Gerte/Longierpeitsche weist nach unten, zur hinteren Fessel des Pferdes. Die Kommandos „Schritt!", „Trab!", „Galopp!" korrespondieren mit der Höhe der Gertenspitze und Ihrer Körpersprache. Bei „Schritt!" deutet die Gerte auf Fesselhöhe; bei „Trab!" auf Sprunggelenkshöhe bis zum Knie; bei „Galopp!" sollte sie zur Kruppe und höher erhoben werden.

Wenn das Pferd weiter ausgebildet ist, braucht es diese Hilfe vielleicht nicht mehr und reagiert schon auf das Stimmkommando. Dann bleibt die Gerte einfach immer in der Grundposition.

Wenn Sie Ihren Blick statt aufs Pferdeauge in Richtung Hinterbeine richten, wirkt das bei sensiblen Pferden bereits verlangsamend. Deutliches Ausatmen wirkt ebenfalls beruhigend (das funktioniert übrigens auch beim Reiten ganz wunderbar).

Beim Longieren fordern Sie Schritt, Trab und Galopp, auf beiden Händen, bei unruhigen Pferden zu Beginn nur Schritt und Trab. Später können Sie auch Schritt-Galopp fordern oder Galopp-Stopp. Galopp wird anfangs nur als Angaloppieren geübt, aber nur, wenn das Pferd dabei ruhig bleibt und nicht ins Rennen kommt oder heiß wird. Nach einer Runde auf jeden Fall wieder durchparieren zum Trab oder Schritt.

Wie lehre ich ein Pferd z.B. das Anhalten aus dem Galopp?
Als Voraussetzung muss es Schritt-Stopp und Trab-Stopp beherrschen. Schritt-Stopp und Trab-Stopp kann ich beim Führen leicht lehren, indem ich im Schritt führe, mein Stopp-Kommando gebe, meinen Körper dem Pferd zuwende und die äußere, nicht führende Hand bis auf Kopfhöhe des Pferdes hebe. Bei sensiblen Tieren reicht oft schon die Andeutung dieser Signale. Mit etwas Übung genügen im Allgemeinen Stimmkommandos und das eigene Stehenbleiben, die Drehung zum Pferd ist dann nicht mehr nötig. Dann auf jeden Fall und sofort belohnen! Mit immer weniger Hilfengebung wiederhole ich den Stopp und belohne. Das wird schnell zu einer Art Spiel, bei dem das Pferd darauf wartet, die Übung machen zu dürfen.
Klappt das aus dem Schritt, im Trab üben. Wenn das Pferd das doch noch nicht schafft, wieder zurück zum Schritt. Sobald das Anhalten auf Stimmkommando bei der Bodenarbeit klappt, dann versuche ich es auch beim Longieren, erst aus dem Schritt, dann aus dem Trab. Stoppt das Pferd bei der Longenarbeit regelmäßig und gut, was meist schnell geht, wenn man in kurzen Intervallen und mit Belohnung arbeitet, dann versuche ich es irgendwann einmal mit Galopp-Stopp. Ich beginne mit einem Trab-Stopp, belohne, bleibe auf der gleichen Hand und verlange Galopp. Nach zwei bis drei Runden gebe ich das Stopp-Kommando. Dabei Gerte nach unten richten, Körper still halten, ausatmen. Das Pferd bleibt beim ersten Mal meistens nicht sofort aus dem Galopp stehen. Dennoch unbedingt belohnen, denn schon der richtige Ansatz muss positiv erfahren werden. Sobald das Pferd aber die Aufgabe verstanden hat, belohne ich nur noch den richtig ausgeführten Stopp aus dem Galopp.
Zum Belohnen an der Longe gehe ich um das Pferd herum und gebe ihm die Belohnung von außen. So bleibt es schön parallel auf der Kreislinie stehen und kommt nicht nach innen herein.

Wenn das Anhalten aus dem Galopp gut geklappt hat, dann beenden Sie die Longierarbeit für heute. Sie erinnern sich? Aufhören ist eine starke Belohnung!

Hat das Pferd den Galopp-Stopp an der Longe gut gelernt, sodass es prompt und eifrig stoppt, dann kann ich die Übung auch unter dem Sattel abfragen.

Bei der Arbeit mit einem Pferd gilt für mich prinzipiell:

Ich bemühe mich, meine Trainingseinheiten abwechslungsreich für das Pferd zu gestalten, um Motivation und Konzentration zu erhalten. Häufig beginne ich die Stunde mit Bodenarbeit, wobei ich den Pferden immer wieder auch etwas Neues beibringe. Daneben üben wir bereits Erlerntes und verfeinern es. Manchmal beginne ich auch mit Longieren. Dann wieder reite ich erst im Schritt ins Gelände (zehn Minuten).

Ist ein Pferd steif oder übermütig, longiere ich vor dem Reiten. Falls mir ein Pferd unbekannt ist, beginne ich mit Führen (inklusive Bodenarbeitsübungen wie Anhalten, Rückwärtsrichten, Vorhandwendung), dann Longieren, bevor ich aufsteige. So kann ich Reaktionen, Bewegungsmuster und eventuelle Probleme des Pferdes erkennen und mein Reiten danach ausrichten. Falls das Pferd eher ängstlich und aufgeregt wirkt, ist Bodenarbeit mit Führen beruhigender als Longieren.

Abb. 11: Piaffe und Passage vom Boden aus schulen Rücken, Tragkraft und Impuls von hinten ohne störendes Reitergewicht, auch wenn das Pferd unter dem Sattel noch lange nicht so weit ist.

3 Anreiten und Korrektur des Pferdes

Wenn junge Pferde artgerecht im Herdenverband und im Offenstall gehalten werden, stellt eine Arbeitseinheit von zehn Minuten keine Überforderung dar. Diese Arbeitszeit kann ganz behutsam verlängert werden. Sie können so weit verlängern, wie das Jungpferd interessiert und freudig mitmacht. Wenn Sie die Grenze seines Konzentrationsvermögens überschreiten und das Pferd an Motivation verliert, ist es bereits zu spät. Unwillen und Widerstand sowie der Verlust von Motivation könnten die Folgen sein. Also rechtzeitig vorher aufhören.

> *Rechtzeitig aufhören; eher weniger als mehr arbeiten.*

Das heißt: eher weniger als mehr arbeiten. Andererseits ist es wichtig, täglich mit dem Jungpferd zu trainieren. Dabei gilt: Zu wenig gibt es nicht. Fünf Minuten Spazierengehen mit Grasen können genauso wichtig sein wie eine Lektion im Spanischen Schritt, denn es erhöht die Freude an der Arbeit mit dem Menschen und dies ist eine Voraussetzung für die gute Mitarbeit des Pferdes.

Im Umgang mit dem jungen Pferd gibt es einiges zu bedenken: Das junge Pferd ist anders und enger mit der Herde verbunden als ein erwachsenes Pferd. Es fühlt sich weniger wehrhaft und hat noch wenig Selbstvertrauen. Die Nähe zur Sicherheit bietenden Herde zu suchen, ist daher ein tief verwurzelter Instinkt. Ein junges Pferd sollte daher, wenn möglich, in der Nähe der Herde gearbeitet werden, und es macht nichts, wenn man es noch nicht allzu weit von der Herde entfernen kann. Manchmal wird es auch nötig sein, früher zur Herde zurückzukehren als geplant, um Widerstand und Eskalation zu vermeiden. Je jünger, desto mehr Nähe zur Herde ist notwendig, um die Konzentration des Pferdes erhalten zu können. Langsam wird sich das junge Pferd an den Menschen als Sicherheit bietendes Leittier gewöhnen und Sie können sich weiter von der Herde entfernen.
Wenn man bedenkt, wie wenig Zeit der Mensch pro Tag mit dem Pferd verbringt, dann wird das Verhalten des Tieres verständlich. Es wird sich nicht gern einem fremden Wesen anschließen, welches seine Sprache nicht spricht und es aus der Sicherheit bietenden Gruppe reißt, um es in fremder Umgebung um sich herum zu treiben und dabei am Kopf

festzuhalten. Was für ein Trauma! Da ist es wichtig, dass die kurze Übungszeit von Lerneifer, Freude und viel Belohnung geprägt ist und somit eine intensiv positive Erfahrung für das junge Pferd darstellt.
Der Mensch muss sich dem Pferdeverhalten anpassen und bewusst die Gesetze und Denkschemata der Pferde in der Herde beachten, sonst wird er nicht ernst genommen, nicht verstanden und als unberechenbar eingestuft.

Schauen sie einmal zu, wie die erwachsenen Stuten sich einem Fohlen gegenüber verhalten: Wann sie einen Klaps für rüpelhaftes Benehmen, Unterschreiten der Individualdistanz oder Nicht-Ausweichen austeilen. Erst nachdem ich das beobachten durfte, fing ich an, auch in meinem Umgang mit den Pferden mehr Respekt zu fordern, mehr zu erziehen, und einem Rüpel auch mal einen Klaps auszuteilen.

Auch junge Pferde durchlaufen – wie Kinder – unterschiedliche Entwicklungsphasen. Mal sind sie aufgeschlossen gegenüber Neuem und ruhen in sich selbst, dann wieder gibt es Phasen, in denen sie sehr anlehnungsbedürftig an die Herde und das Gewohnte sind. Diese Phasen wirken manchmal wie Rückschritte, aber es kommt danach auch wieder eine stabilere Phase, die weiteren Fortschritt ermöglicht. Man darf nie zu früh aufgeben!

Ich vergleiche die Arbeit mit einem jungen Pferd gerne mit dem Meißeln in Stein:
Innerhalb der frühen Prägephasen zu arbeiten hat den Vorteil, eine sehr intensive Vertrauensbeziehung zu dem Pferd aufbauen, sowie seine besonders hohe Lernfähigkeit nutzen zu können. So kann eine gute Grundlage für die Arbeit mit dem erwachsenen Pferd gelegt werden. Wenn jedoch innerhalb dieser ersten Phasen etwas schief geht, ist das junge Pferd leichter und tiefer zu traumatisieren als ein erwachsenes Pferd, das bereits mehr Erfahrungen hat und in sich gefestigt ist. Prägungsphasen und hohe Lernfähigkeit haben daher Vor- und Nachteile.

Ich muss sehr genau abschätzen, was ich fordere und wie ich reagiere, wenn das Pferd Dinge tut, die es später als Reitpferd nicht tun soll. Die

Gefahr ist groß zu überfordern, aber auch Fehlverhalten durchgehen zu lassen, weil das Pferdchen noch so klein ist. Das kann aber zu schlechten Gewohnheiten im späteren Pferdeleben führen. Deshalb meine ich, dass nur entsprechend erfahrene Menschen mit sehr jungen Pferden arbeiten sollten.

Viele Züchter lassen gerade die jungen Pferde mit minimalem Kontakt zum Menschen aufwachsen, um Fehler in der Prägephase zu vermeiden. Später arbeiten sie dann aber oft mit starkem Druck, um schnell Ausbildungserfolge zu erzielen, die man beim Fohlen leicht hätte anlegen können.

Dennoch: Die Arbeit mit Fohlen, Jährlingen und Zweijährigen ist nur dann vertretbar, wenn sie so gestaltet ist, dass sie vom Pferd als Bereicherung und Freude in seinem Alltag erlebt wird.

Es ist eine weit verbreitete Unsitte, ein junges Pferd erst unberührt im Herdenverband aufwachsen zu lassen und dann plötzlich mit zwei, drei Jahren aus seiner Herde herauszureißen, aufzustallen (Isolationshaft) und diesem armen, innerlich vollkommen aus dem Gleichgewicht geratenen Geschöpf im Schnellverfahren Lektionen aufzuzwingen. In seiner inneren Not und auf der Suche nach Kontakt ist das Pferd sogar bereit, mit einem Menschen zusammenzuarbeiten, der es überfordert, ihm Schmerzen zufügt oder Langeweile verbreitet. Leider sind viele Menschen nicht in der Lage wahrzunehmen, dass sie dadurch ein Lebewesen psychisch zerstören und am Ende auf einem verspannten und verängstigten Tier sitzen, das aus Angst vor Strafe sein Programm ohne Anmut abspult.

Wie viel schöner ist es, den Koppelzaun zu öffnen, eine zehnköpfige Herde zur Weide stürmen zu sehen, das Pferd jedoch, mit dem man gerade arbeitet, bleibt stehen, kommt auf den Menschen zu und schaut, ob es durch eine kleine Übung eine Belohnung erlangen kann; dann erst stürmt es hinter den anderen her. Oder stellen Sie sich vor, Sie sind so interessant für ihr Pferd, dass Sie nur den Namen rufen müssen und das Pferd hört auf zu fressen und kommt zu Ihnen.

Ein Kind, auch wenn es stark zum Lernen motiviert ist, muss dennoch Regeln einhalten, Grenzen akzeptieren, um sich und andere nicht zu gefährden. Das gilt auch für das junge Pferd. Zunächst erklärt man einem Kleinkind mit „Nein" und Lob, was es tun soll und was nicht. Wenn es ein wenig größer ist, erwartet man, dass es das Gelernte anwendet und man reagiert auch mit Strafe, wenn es bereits bekannte Grenzen überschreitet. Die ersten Lernschritte müssen in positiver Atmosphäre, ohne Druck und nur mit Hilfe von Erklärungen stattfinden. Später, wenn der Schüler wissen müsste, was erlaubt ist und was nicht, kann man auch schon Disziplin einfordern.

Ich vergleiche das junge Pferd gern mit einem Kind, um verständlich zu machen, dass, wie bei der Kindererziehung, die Arbeit mit dem jungen Pferd aus unterschiedlichen Abschnitten besteht, die sich verändern. In beiden Fällen umfasst die Erziehung Benehmen und Bildung.

Beim Schulen des Benehmens arbeite ich mit positiver und negativer Verstärkung, also mit Lob und Strafe, bei der (Aus)Bildung nur mit Erklärungen und positiver Verstärkung. Klare Grenzen einerseits und klares Lob andererseits erhöhen beim Jungpferd das Gefühl der Sicherheit, denn das kennt es aus der Herde. So verschaffen Sie sich den Respekt und das Vertrauen Ihres „Schülers".

3.1 Benehmen und Bildung

Mit Benehmen meine ich, wie sich das Pferd mir gegenüber und in bestimmten Situationen seines Alltags verhalten soll. Unter Bildung verstehe ich das Erlernen aller Übungen, die ich brauche, um das Pferd später reiten zu können. Das Reiten ist dann sozusagen die Weiterbildung.

Es ist erstaunlich, wie gerne junge Pferde arbeiten, Gelerntes anbieten und Neues lernen wollen. Das habe ich bei meinem Vorgehen immer wieder erlebt. Meine Methode ist keine neue Erfindung, ich will mich auch nicht mit den Gurus gleichsetzen, die beanspruchen, ihre Methoden seien angeblich die einzig richtigen. Ich biete Ihnen einfach ein durch Erfahrung geprüftes, schrittweises Ausbildungskonzept, das beide Seiten befriedigt und erfreut.

Eine junge Reitlehrerin sagte einmal zu mir: „Ich habe schon viele gesehen, die ihr Pferd piaffieren, aber ich habe noch niemanden gesehen, der sein Pferd ohne Gerte, nur mit Fingerzeigen am Halfter auf der Weide piaffieren lassen kann!" Das hat mich natürlich sehr gefreut, denn es drückt aus, worum es mir geht. Man kann von einem Pferd enorme Leistungen erhalten und das mit einer Arbeitsweise, die die Motivation des Pferdes fördert und es mit Freude arbeiten lässt.

Wir alle wissen, dass Kinder gerne lernen, Neues erfahren und sich über das Erwerben von Fähigkeiten freuen, wenn sie das Gefühl haben, zu **dürfen** und nicht zu müssen. Das gilt auch für Tiere. Ein Hund, der aus dem Bleiben-Müssen kommen **darf**, wird über große Distanzen freudig kommen. Ein Hund, der durch Zwang diese Lektion lernen soll, wird schon aus kleiner Distanz eher unwillig oder gar nicht kommen.

Jedes Mal, wenn wir an der Bildung arbeiten, arbeiten wir auch am Benehmen. Was nützt mir eine perfekte Hinterhandwendung, wenn das Pferd nach dem Führenden beißt oder nach vorbeilaufenden Pferden ausschlägt? Grundziel der Bildung ist es, das Pferd in alle Richtungen am Boden bewegen zu können: vorwärts, rückwärts, seitwärts, die Vorderhand um die Hinterhand, die Hinterhand um die Vorderhand tretend. Das Pferd soll lernen, sich berühren, bewegen und pflegen zu lassen. Daran wird Schritt für Schritt gearbeitet. Ganz allmählich werden auch die Anforderungen an das Benehmen gesteigert: Während das Fohlen noch ein wenig Narrenfreiheit genießt, muss sich der Jährling schon an gewisse soziale Regeln halten und das zweijährige Pferd noch mehr – das gilt in der Pferdeherde eigentlich genauso wie bei allen Jungtieren!

Nach dem Menschen beißen oder treten muss schon sehr früh mit einem Klaps beantwortet werden, bereits beim Jährling. Diese Strafe sollte einerseits so gering dosiert sein wie möglich, aber andererseits muss sie kräftig genug sein, um als solche verstanden zu werden. Jedes Pferd ist anders. Reicht bei dem einen schon das Erheben der Stimme, muss man bei frecheren oder rüpelhaften Typen auch schon mal handgreiflich werden. Das Jungpferd muss verstehen, dass eine bestimmte Handlung seinerseits eine unangenehme Reaktion hervorruft. Dabei sollte eines immer klar sein: Pferde haben keine Sprache mit Wörtern wie wir, sie kommunizieren mittels Körpersprache, und ein deutlicher Klaps auf den Rumpf ist „pferdischer" als ein Vortrag über Gewaltlosigkeit.

Ein Beispiel: Das Pferd knabbert an Ihnen. Das ist keine Liebesbezeugung, sondern eine Respektlosigkeit und gefährlich. Ein ranghöheres Tier lässt das Knabbern der anderen zu oder auch nicht!
Wenn ich diese Unart abstellen will, übe ich Folgendes: Das Pferd steht neben dem Führenden, es wird mit Stimme und Leckerli belohnt, wenn es sich nicht dem Führenden zuwendet und knabbert, sondern nur, wenn es still mit geschlossenem Maul steht. Abwenden des Kopfes ist in diesem Fall eine höfliche Geste. Will es knabbern und sich zuwenden, wird es mit einem deutlichen „Nein!" und leichtem Wegscheuchen des Kopfes abgewiesen.

Was z.B. tun, wenn das Pferd in alles beißt, was sich in der Nähe seines Mauls befindet? Dann arbeite ich folgendermaßen: Das Pferd steht neben dem Führenden und wird belohnt, wenn es stillhält, während man mit einer kleinen Schlaufe des Führstricks das Maul abstreicht. Hält es nicht still, reagiert man mit einem strengen „Nein!" und die Übung wird wiederholt. Sie brauchen, je nach Verständigungsgeschick und Auffassungsgabe Ihres Pferdes, vielleicht 10 oder 15 Versuche, bis das Pferd verstanden hat, wie es sich zu verhalten hat, um belohnt zu werden. Geduld und Konsequenz sind entscheidend für diese Übungen.

Grundregeln, die man bei der Arbeit mit einem jungen Pferd beachten sollte:

1. Kurz und regelmäßig arbeiten: häufige Wiederholungen, aber kurze Arbeitseinheiten, viel belohnen. Die Anforderungen nur ganz langsam steigern, Stress unbedingt vermeiden.

2. Immer nur eine neue Übung, immer nur ein neues Lernziel.

3. Keinen Wechsel der Bezugsperson: Sollten Sie ein paar Tage nicht mit dem Pferd arbeiten können, lassen Sie es lieber auf der Koppel, eine andere Bezugsperson verwirrt nur.

4. Arbeiten Sie in einem eingezäunten Bereich, wo das Pferd, falls es frei kommt, nicht weit laufen und sich und andere nicht gefährden kann. Je weiter die Erziehung voranschreitet, desto weiter können Sie den Radius ausdehnen und mit dem Pferd auch in offeneren Räumen arbeiten, z.B. im Gelände oder auch auf der Straße spazieren gehen.

5. Alle Übungen von beiden Seiten üben. Die linke und rechte Gehirnhälfte eines Pferdes arbeiten relativ unabhängig voneinander. Ein Pferd kann einen Gegenstand mit dem linken Auge als ungefährlich wahrnehmen, und wenn man es andersherum führt, erschreckt es sich bei der Betrachtung mit dem rechten Auge (das kennen sicher alle Reiter). Ebenso kann das Pferd die Übung auf einer Seite gut ausführen und von der anderen muss es sie neu erlernen. Am besten lehren Sie, sobald die eine Seite des Pferdes den Bewegungsablauf vollziehen kann, sofort die gleiche Übung auf der anderen Hand.

6. Schützen Sie sich! Tragen Sie feste Schuhe, am besten mit Stahlkappen. Handschuhe sind unverzichtbar. So können Sie besser festhalten und Sie „verbrennen" sich nicht die Hand. Wenn ein junges Pferd richtig losstürmt, reißt es einem den Strick durch die Hand

und man hat nicht einmal Zeit freiwillig loszulassen. Am besten arbeiten Sie immer so vorsichtig und überlegt, dass so eine Situation nie eintritt und das Pferd nie die Erfahrung macht, sich durch Davonstürmen entziehen zu können.

7. Die ersten Übungen finden am Halfter statt, auch wenn das Gebiss schon eingelegt werden kann. Man vermeidet so eine falsche Wirkung des Gebisses und erzeugt kein Misstrauen gegen das Gebiss.

8. Vor bzw. zwischen den einzelnen Übungen bewusst einen Moment der Stille (still stehen) herstellen. Das erhöht die Konzentration und die Aufmerksamkeit. Man überprüft die Arbeitsbereitschaft durch leichte Impulse am Halfter (spätestens ab Übung 8).

9. Kontrollieren und korrigieren Sie die Stellung der Beine, bevor Sie eine Übung fordern. Das Pferd muss z.B. für die Vorhandwendung so stehen, dass die Vorderbeine kreuzen können. Beim Kompliment darf das Hinterbein auf der Seite, auf der das Pferd in die Tiefe geht, nicht weiter vorne stehen als das andere (am besten steht es etwas weiter hinten).

10. Fordern Sie die Aufmerksamkeit Ihres Pferdes! Ihrerseits verlangt das aber auch unbedingte und volle Konzentration auf das Pferd. Fühlen sie sich ein und achten Sie auf alle Signale des Pferdes. Schaut Ihr Pferd weg und verspannt sich, dann hat es Ihnen schon etwas gesagt: Es hat etwas Bedrohliches gesehen oder gehört. Wenn Sie jetzt Ihrem Pferd nicht durch Ausatmen und Souveränität übermitteln, dass keine Gefahr besteht, übernimmt es die Führung, da es denkt, Sie hätten etwas übersehen. Führen Sie so, dass Sie zwischen der Gefahr und dem Pferd gehen. So fühlt sich das Pferd sicher und geht an der Gefahr vorbei. Und falls es doch wegspringt, springt es auch weg von Ihnen!

3.2 Die Übungen 1 bis 33

1.   Führstrick und Gerte
2.   Um das Pferd herumgehen
3.   Beine berühren und aufnehmen
4.   Führen im Schritt und anhalten
5.   Rückwärts
6.   Der Griff über den Rücken
7.   Vorhandwendung
8.   Kopf auf Kommando senken
9.   Seitwärts treten
10. Mit den Vorderhufen auf etwas steigen
11. Kleiner Zirkel an der Hand (Schritt)
12. Stangen, Planen, Hängertraining
13. Hinterhandwendung
14. Stillstehen, Gamaschen anlegen
15. Anheben der Vorderbeine, Spanischer Schritt
16. Kompliment
17. Klappersack-Training, Reifen ziehen
18. Größerer Zirkel an der Hand (Trab, Stopp)
19. Rückentraining
20. Platz, Sitz und Knien
21. Travers, Führen von hinten, Arbeit am langen Zügel,
     Fahren vom Boden aus
22. Galopp an der Longe, an der Hand
23. Rückwärtsrichten von hinten
24. Sattel auflegen (ab 2 Jahren)
25. Mit Gebiss zäumen (ab 3 Jahren)
26. Travers am Boden (Vorbereitung), Zügelhilfen erlernen
27. Aufsteigen
28. Anreiten im Schritt
29. Verbinden der Stimmhilfen mit Körpersignalen
30. Anreiten im Trab
31. Anreiten im Galopp
32. Das Senker-Set
33. Hilfszügel beim jungen Pferd

1. Führstrick und Gerte

Die Halftergewöhnung beim Fohlen

Ich gehe in diesem Kapitel eigentlich davon aus, dass Sie bereits ein halterführiges Pferd erwerben. Dennoch möchte ich vorsichtshalber einige Sätze dazu verlieren, denn die Halftergewöhnung ist ein wesentlicher Punkt in der der Erziehung des jungen Pferdes.

Es gibt unterschiedliche Meinungen, wann der richtige Zeitpunkt gekommen ist, ein Fohlen an das Tragen des Halfters zu gewöhnen. Auch gibt es sehr raue, aber auch sanftere Methoden, die dem Pferd das Sich-Führen-Lassen vermitteln sollen.

Ich gebe dem Fohlen erst einmal zwei, drei Wochen Zeit, sich an den Menschen, der die Mutterstute führt, und die Berührung durch diesen zu gewöhnen.

Wenn das Fohlen sich gelassen anfassen lässt, lege ich während ich Kontakt mit ihm halte zum Ende einer „Schmusestunde" mit viel Ruhe, aber relativ schnellen und vor allem sicheren Handgriffen ein weiches Fohlenhalfter an. Es sollte so schnell und ruhig gehen, dass man den Kopf nicht lange festhalten muss. Es ist sinnvoll für einige Minuten weiter zu streicheln und Kontakt zu halten, als wenn das Halftern etwas ganz und gar Nebensächliches wäre.

Das Fohlen trägt dann unter Beobachtung für eine halbe Stunde sein Halfter. Nach kurzer Zeit spürt es dies nicht mehr. Ebenso ruhig und zügig wird das Halfter dann wieder abgenommen. Es sollte wegen der Verletzungsgefahr anfangs unbedingt nur unter Beobachtung getragen werden.

An den folgenden Tagen wiederholen wir die Übung, bis das Tragen des Halfters selbstverständlich geworden ist. Man kann, wenn möglich das Fohlen mit an einer Möhre lutschen lassen, die man der Mutterstute gibt, während man das Fohlen beaufsichtigt. Die Mutterstute muss immer in unmittelbarer Nähe sein, wenn man mit dem Fohlen übt.

Erst wenn das Fohlen sich gerne halftern lässt, wird das Führen mit der Mutterstute auf kurzen Strecken, zu Beginn nur einige Meter, geübt.

Dazu gehört viel Geschick, um keinen Zwang auszuüben, der das Fohlen erschrecken könnte. Je besser die Stimme und Belohnendes (an etwas Knabbern dürfen) eingesetzt werden kann, umso eher kann man

Druck vermeiden, wobei es auch bei sanftem Vorgehen schnell passieren kann, dass das Fohlen sich fürchtet und zu zappeln beginnt.

In so einer Situation ist es wichtig, das junge Pferd erst zu beruhigen und dann schnell die Übung zu beenden.

Auch wenn das nur mehr stehend als gehend, mit geringer Vorwärtsbewegung, zu schaffen ist, versucht man in der Folge immer wieder ein wenig „Vorwärts" zu erreichen, damit das Fohlen lernt sich führen zu lassen. Geduld ist hier gefragt. Wenn das Fohlen neben der Mutter geführt wird, gibt es meistens keine Probleme.

Für die Bodenarbeit und unter der Trense, nehme ich aus mehreren Gründen sehr gerne das Knotenhalfter. Zum einen ermöglicht es eine feinere Einwirkung, da es dünner ist als ein Stallhalfter. Dadurch wird die gewünschte feine Einwirkung an den Nervenknotenpunkten im Genick und auf der Nase vom Pferd besser wahrgenommen.

Zum anderen bietet das Knotenhalfter genau dadurch mehr Sicherheit beim Führen von jungen oder noch nicht so gut erzogenen Pferden. Denn, wenn sie sich heftig ins Halfter lehnen, empfinden sie mehr unangenehmen Druck. Mit einem entsprechend deutlichen Ruck komme ich bei einem respektlosen Pferd viel besser durch als mit einem dicken Stallhalfter, das meine Signale schwammig werden lässt. Andererseits wirkt das Knotenhalfter nicht so scharf ein, wie eine Führkette.

Ich empfehle daher bei der Bodenarbeit mit jungen Pferden, in einigermaßen sicherer Umgebung, und bei erzogenen Pferden beim Spaziergang im Gelände das Knotenhalfter. Tragen Sie bei der Führarbeit unbedingt Handschuhe!

Wenn Sie ein Pferd haben, das sich aus Respektlosigkeit ins Halfter wirft und versucht wegzulaufen, kann eine Führkette, ins Stallhalfter geschnallt, als Erziehungshilfe notwendig werden.

Ich reite auch gerne mit dem Knotenhalfter unter der Trense, da es dünn ist, nicht stört und man vom Reiten zur Bodenarbeit wechseln kann. Wenn man ein Ende des Zügels in der Schlaufe unter dem Pferdekinn einhakt, erhält man einen langen Führstrick, der auf die Nase wirkt und das Pferdemaul schont.

Es gibt vereinzelt Pferdeausbilder die Pferde, quasi als Erziehungsmaß-
nahme, am Knotenhalfter anbinden. Dies ist mit äußerster Vorsicht zu
sehen. Diese Trainer benutzen das gezielt in Trainingssituationen unter
Aufsicht. Ein Knotenhalfter reißt nicht und kann bei einem in Panik geratenen Pferd zu schweren Verletzungen führen. Der Schaden steht in
keinem Verhältnis zum erzieherischen Wert. Das Pferd straft sich zwar
selbst, der Lernerfolg ist aber unter Tierschutzgesichtspunkten höchst
fragwürdig.

Wenn man daher überhaupt am Knotenhalfter anbindet (z.B. auf einem
Wanderritt), muss man unbedingt in unmittelbarer Nähe des Pferdes
bleiben, um mit einem Griff den Anbindeknoten lösen zu können.
Wenn man nicht sehr erfahren und vor allem schnell ist und die Situation nicht hundertprozentig einschätzen kann, so verzichtet man besser
grundsätzlich auf ein Anbinden mit dem Strickhalfter.

Ob es sich um ein Fohlen, einen Jährling, einen Zweijährigen oder ein
erwachsenes Pferd handelt, immer ist die erste Übung, dass Führstrick
und Gerte das Pferd überall berühren können, ohne Angst und Schre-
cken zu erzeugen. Der Strick sollte baumeln und berühren, die Gerte das Pferd abstreichen können. Mit der Gerte wird das junge Pferd
daher immer wieder gestreichelt. Der Mensch gewöhnt das Pferd mit
langsamen Bewegungen, freundlicher Stimme und Belohnung an den
Führstrick. Bereits beim Fohlen kann man mit dem Führstrick der Mutterstute Kontakt zum Fohlen herstellen. Zunächst kann man den Strick
einfach in der Nähe des Fohlens bewegen. Später kann man auch einen
zweiten Führstrick neben dem Pferd am Boden entlangziehen.

Es geschieht immer wieder – trotz aller Vorsicht – dass ein Jungpferd
mit dem Strick frei kommt, z.B. wenn man es als Handpferd mitführt.
Umso besser, wenn es dann den baumelnden Strick nicht als Bedrohung
sieht, sondern, weil es ihn kennt, ganz gemütlich zu grasen beginnt.

2. Um das Pferd herumgehen

Wenn das Pferd ein Halfter trägt und schon an diesem geführt werden kann, wird der Führstrick über den Widerrist gelegt, damit das
Pferd nicht darauf tritt. Während Sie den Strick auflegen, ganz nahe an
das Pferd herangehen und mit der Hand den Widerrist berühren. Das
wird zum Signal für die Übung. Anfangs bleibt die Hand am Pferd und
begleitet so das Um-das-Pferd-Herumgehen. Während der Mensch um
das Pferd herumgeht, streicht seine Hand am Pferd entlang. Diese Berührung erinnert das Pferd an das Putzen – vorausgesetzt das kennt es
schon –, es zeigt dem Pferd aber in jedem Fall, wo der Mensch gerade
ist und wirkt beruhigend.
Zu Beginn ganz nah am Pferd bleiben. Bewegt das Pferd seine Hinterhand oder will sich drehen, um zu folgen, ruhig „Nein!" sagen, das
Pferd wieder genau in die Ausgangsposition (dorthin, wo es vor Beginn
seiner Bewegung stand) zurückstellen und von vorne beginnen. Diesmal gehen Sie aber nur bis zu dem Punkt, an dem es beim ersten Versuch begonnen hat sich mitzubewegen. Dann gleich zurück zum Kopf
und loben bzw. belohnen. Das Kommando „Steh!" während der Übung
mehrfach wiederholen.
Beim nächsten Mal wieder weiter gehen. Wenn das Pferd stehenbleibt,
bis Sie die Hinterhand erreicht haben, zügig, aber ohne Hast, hinten
herumtreten und nach vorne zum Pferdekopf gehen. Sofort deutlich loben und belohnen! Der Erfolg stellt sich bei den meisten Pferden schon
nach fünf bis sechs Versuchen ein. Das schafft man gut innerhalb einer
Übungseinheit. Dann natürlich Schluss machen. Sie erinnern sich? Ein
Lernziel pro Übungseinheit!

3. Beine berühren und aufnehmen

Zum Hufe säubern, beim Schmied oder auch beim Tierarzt muss das
Pferd dem Menschen sein Bein überlassen. Es muss zulassen, dass der
Fuß aufgehoben und das Bein nach hinten und vorne geführt werden,
und dabei locker lassen. Das übt man in kleinen Schritten mit viel Belohnung.

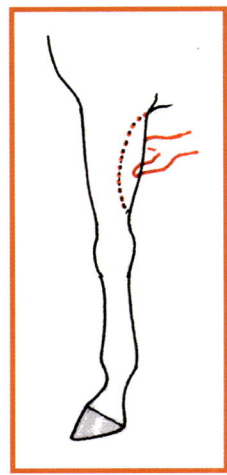

Abb. 12: Der Mensch steht seitlich neben der Schulter des Pferdes und blickt in Richtung Hinterhand. Die Hand greift den Muskel oberhalb des Karpalgelenks, anfangs deutlich, später sanfter.

Überall am Bein berühren, dann mit dem Kommando „Gib Fuß!" kurz aufnehmen, halten und gleich belohnen. Achten Sie darauf, dass Sie genau in dem Moment loben, in dem der Fuß locker ist. „Gib Fuß!" ist das Kommando für das Geben des Hufes, „Fuß vor!" für das Vorziehen der Vorderhufe. Um das Pferd zum Hufegeben zu animieren, greifen Sie am Vorderbein in den Muskel oberhalb des Karpalgelenks, am Hinterbein auf das Sprunggelenk. Dieser Muskel muss sich zusammenziehen (kontrahieren), um das Bein anzuheben so dass diese Berührung eine gewisse Logik für das Pferd hat. So geben Sie dem Pferd ein unverkennbares Signal. Wenn das Pferd den Huf zum Auskratzen gegeben hat, nicht loslassen, wenn es ein bisschen zappelt, sondern den Huf nach oben ziehen. Dann hat es nicht so viel Kraft, den Huf wegzuziehen. Mit Stimme beruhigen und gleich, wenn es einen Moment lockerlässt, den Huf mit Kommando „Ab!" absetzen und loben/belohnen.

Hufe geben ist eine ganz entscheidende Übung. Es ist ein Muss, daran zu arbeiten. Schmied und Tierarzt werden es Ihnen danken, und nicht zuletzt Sie selbst. Also nicht mal schnell irgendwie im Nahkampf die Hufe säubern und dann beginnt die eigentliche Arbeit. Jeder Griff am Pferd muss genau und richtig geschult werden. Ihr Pferd – egal ob Junior oder Senior – lernt in jedem Augenblick des Zusammenseins mit Ihnen. Betrachten Sie jeden Moment, jede Art des Umgehens als Lektion für das Pferd. Letztlich sparen Sie dadurch Zeit, wenn schon beim Putzen die Hierarchie klargestellt ist.

Sie können die Anforderung steigern, indem Sie das Bein nehmen und den Huf auf einem Gegenstand abstellen. Dieser Gegenstand sollte natürlich selbst stabil sein und auch stabil stehen, z.B. eine Art Podest oder ein großer Holzklotz. Belohnen, solange der Huf auf dem Gegenstand ruht (das führt dann weiter zur Übung 10, dem Steigen auf einen Gegenstand).

4. Führen im Schritt und anhalten

Das ist die wichtigste Übung überhaupt, denn sie ist für den Umgang mit dem Pferd zwingend erforderlich. Ebenso wichtig ist es, das Anhalten so früh und intensiv wie möglich zu trainieren, damit es sich zum konditionierten Reflex entwickelt – wer fährt schon gerne ein Auto ohne funktionierende Bremse? Am besten lehrt man das junge Pferd das Anhalten aus Schritt, Trab und Galopp bereits an der Hand. Das Pferd wird am Halfter angeführt mit dem Kommando „Schritt!". Wenn nötig, einen kleinen Impuls mit der Hand geben. Die Führperson lässt die Schulter des Pferdes nicht überholen, der Kopf des Pferdes sollte nicht zurück bleiben, sonst haben Sie nicht im Blick, was Ihr Pferd tut. Sie führen in der Bewegungsrichtung (vgl. S. 24ff., Bewegungslinien) und treiben das Pferd nötigenfalls mit der Gerte nach vorne. Beim jungen Pferd besser nur zehn Schritte führen, die aber ohne Zappeln und Widerstand, dann anhalten und belohnen.

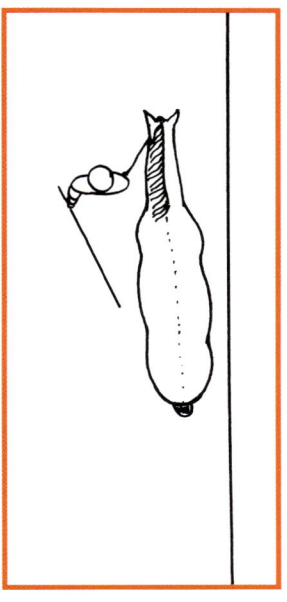

Abb. 13: Führen mit Gerte neben der Schulter des Pferdes.

Nicht zu viel oder zu lange arbeiten, Sie riskieren sonst Widerstand und Mangel an Konzentration. Jedes falsche Bewegungsmuster, das durch Überforderung entsteht, und das nicht korrigiert wird, weil Sie es ignorieren oder nicht bemerken, prägt sich dem jungen Pferd sofort als Verhaltensmöglichkeit ein. Also langsam steigern.

Zum Anhalten wenden Sie sich zu Beginn dem Pferd zu; diese Drehung wird im Laufe der Wiederholungen nur noch angedeutet. Das Anhalten zu Beginn immer mit Futter belohnen. Erst beim ausgebildeten Pferd können Sie auf solch ausgeprägte Verstärkungen verzichten. Wenn Sie jeden Tag mit dem jungen Pferd zehn Minuten üben und von Anfang an auf einwandfreies Benehmen achten, dann können Sie auch problemlos aus der Hand belohnen, wenn das Pferd die Übung korrekt ausführt. Die Belohnung ist ein wichtiges Mittel, die Aufmerksamkeit des Pferdes auf sich zu konzentrieren. So bringen Sie Ihr Pferd dazu, quasi auf das Anhalten zu warten und sich auf diese Weise wunderbar präzises Anhalten anzugewöhnen.

5. Rückwärts

Rückwärts zu weichen muss ein Pferd nicht erst lernen, denn als rangniedriges Pferd (das sind Jungtiere immer) kennt es das aus dem Umgang mit anderen Pferden. Vorausgesetzt natürlich, es ist in einem Herdenverband bzw. einer altersgemischten Gruppe aufgewachsen. Sobald man also forsch auf so ein Jungpferd zugeht, seine Bewegungslinie auf das Pferd richtet, weicht es rückwärts oder seitwärts aus. Dabei das Kommando „Rückwärts!" oder „Zurück!" geben.

Tritt das Pferd nicht zurück, dann erkennt es Sie nicht als ranghöher an. Dann sollten Sie etwas bedrohlicher wirken (aber mit Feingefühl, gerade so viel wie nötig!), ein Seil schwingen oder das Pferd mit der Gerte am Buggelenk (Schulter von vorne) antippen. Sofort loben und belohnen, wenn es daraufhin rückwärts tritt. Im nächsten Schritt üben Sie das Rückwärtsrichten aus der normalen Führposition, also während Sie von der Seite Ihr Pferd führen: Schritt, anhalten (mit Kommando!), loben, Kommando „Zurück!". Anfangs ist ein kleiner Impuls nach rückwärts am Halfter erlaubt oder auch das Touchieren mit der Gerte an der Brust. Aber nie die eigene, gerade Körperhaltung und die Position aufgeben, die Sie beim Führen nach vorwärts hatten. Also diesmal nicht zum Pferd drehen, sondern nur selbst gerade rückwärts gehen.

Machen Sie ein Spiel mit sich selbst daraus. Wie wenig Hilfen brauchen Sie, um das Pferd zum Zurücktreten zu bewegen? Die Stimmhilfe nicht aufgeben. Die Stimme brauchen Sie später noch beim Reiten, denn da haben Sie zuerst nur diese zur Verfügung. Das Pferd tritt korrekt zurück, wenn die Schritte flüssig, kurz und gerade sind (es darf nicht seitlich ausweichen), die Ohren des Pferdes sollen nicht höher als der Widerrist liegen . Zu Beginn helfen eine Bande, eine Wand oder ein Zaun beim Üben. Damit helfen Sie dem Pferd gerade zurückzutreten. Gut üben lässt sich das auch zwischen zwei Stangen am Boden, das verbessert die Mechanik des Rückwärtstretens und erhöht die Aufmerksamkeit.

Pferde lernen in Bewegungsmustern und daher ist es wichtig, das Richtige zu belohnen. Hält das Pferd an, wird es gelobt, auch wenn es zuerst noch einen Schritt weitergelaufen ist. Sobald das Pferd die Übung ganz verstanden hat, erhält es die Belohnung in Form von Leckerli nur, wenn es sofort angehalten hat. Aber man gibt ihm durch unmittelbare Wiederholung eine neue Chance. Also wieder antreten, zehn Schritte führen, wieder anhalten und rückwärtsrichten. Ich verwende zum Anhalten das Kommando „Brrt!", weil es kurz und prägnant ist und die Pferde es sich gut merken können.

6. Der Griff über den Rücken

Pferde legen als freundliche Geste der Verbundenheit ihren Hals über den Rücken anderer Pferde. Indem wir von Anfang an, bereits beim sehr jungen Pferd, den Arm über die zukünftige Sattellage legen, imitieren wir einerseits diese Geste, andererseits desensibilisieren wir den Rücken des Pferdes. Man kann freundschaftlich drücken, ein wenig klopfen usw. Gute Gelegenheiten zum Üben sind, wenn das Pferd ein Leckerli bekommt, gerade frisst oder beim Spazieren gehen und Grasen lassen. So gewöhnen Sie das junge Pferd an Berührung und sogar an ein wenig Last (das Gewicht des Armes auf dem Rücken), es besetzt diese positiv.

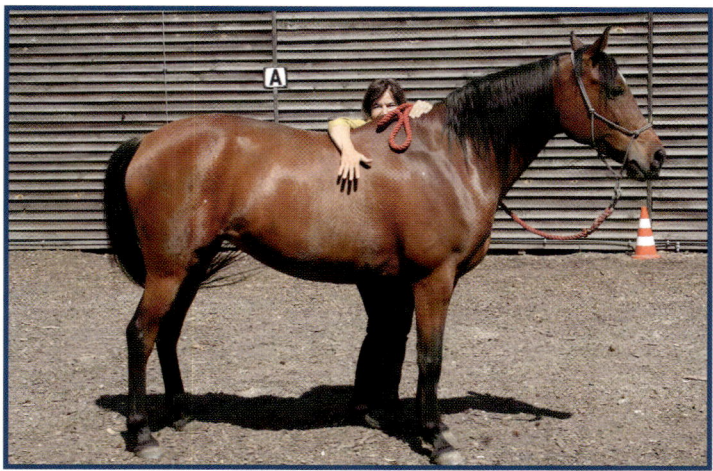

Abb. 14: Vorbereitung der Sattellage und freundschaftliche Geste zugleich.

7. Vorhandwendung

Die Vorhandwendung sollte man erst dann lehren, wenn der Mensch um das Pferd herumgehen kann. Danach kann sie aber fleißig geübt werden. Sie ist leicht zu lernen, am Boden ist sie nicht mehr als das Weichen der Hinterhand. Steht der Mensch an der richtigen Stelle, nahe am Pferdehals, aber genügend seitlich, um seine Bewegungslinie auf die Hinterhand wirken zu lassen, klappt das ganz schnell. Bei Bedarf kann die Kraft der Bewegungslinie durch einen ausgestreckten Arm oder mit der Gerte verstärkt werden. Der Mensch bewegt sich selbst auf der Stelle drehend mit. Als Kommando verwenden wir „Rum".

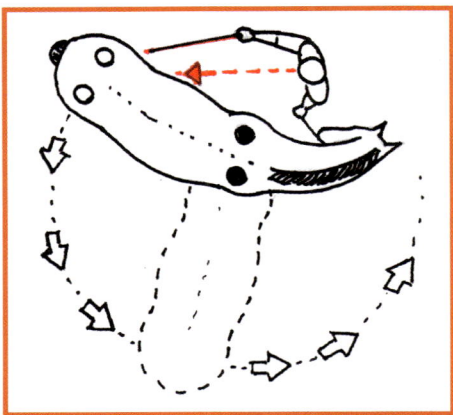

Da die Vorhandwendung ein Weichen der Hinterhand beinhaltet, gehört sie zu den Vertrauen bildenden Maßnahmen im Sinne der Dominanzausübung. Sie kann später auch eingesetzt werden, um die Konzentration des Pferdes auf den Ausbilder zu verbessern. Wie beim Rückwärtsrichten gewinnt das Pferd dadurch Sicherheit und Vertrauen zu uns und ordnet sich unter.

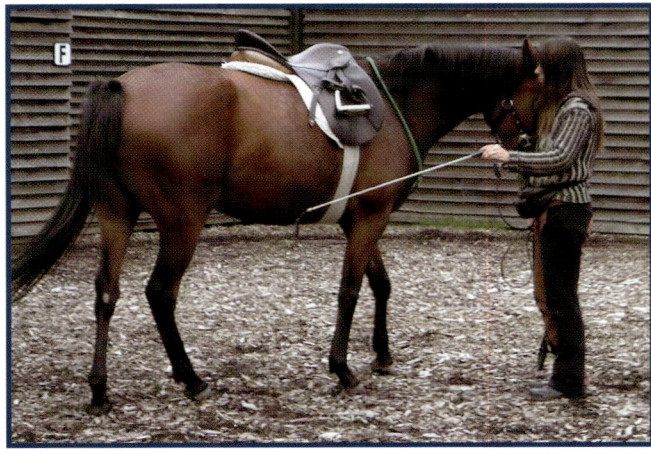

Abb. 15 + 16: Die Vorhandwendung ist eine Übung zur Klärung der Rangfolge.

58

8. Kopf auf Kommando senken

Wir lehren das Pferd den Kopf zu senken, indem wir leicht am Halfter zupfen und das Kommando „Kopf tief!" geben. Gleichzeitig ein Leckerli unter der Pferdenase nach unten führen. So lernt das Pferd, dem Druck im Genick nachzugeben. Sobald das Pferd auf Kommando den Kopf senkt, um unten seine Belohnung zu erhalten, den Fuß auf den Führstrick stellen und so den Kopf unten halten. Kurz halten und unten während des Haltens belohnen. Die Halte-Zeit langsam verlängern. Es genügt, wenn das Pferd den Druck akzeptiert und nicht sofort den Kopf wieder hoch nimmt.

Später verbinden Sie diese Übung mit der Hand im Genick, damit das Pferd lernt, diesem Druck nachzugeben, statt dem Zug am Halfter. Man kann das auch zusätzlich mit einem Druck in der späteren Schenkellage des Reiters kombinieren.

Den Kopf zu senken und das Festhalten zuzulassen, ist die wichtigste Vorübung für das Anbinden, denn auch dabei muss das Pferd den Widerstand akzeptieren, der es am Kopf festhält und es muss lernen, dass der Druck nachlässt, wenn es nicht dagegen zieht.

Abb. 17: Kopf auf Kommando senken und unten halten. Eine gute Vorbereitung des Reitpferdes.

Aber Vorsicht: Am Anfang müssen Sie bereit sein, den Fuß schnell wieder wegzunehmen. Am besten liegt der Strick vor dem Absatz, damit ein anziehendes Pferd den Strick unter Ihrem Schuh durchziehen könnte, ohne dass Sie den Halt verlieren.

Auch hier sollen die Ohren des Pferdes in der Ausgangsposition auf Höhe des Widerrists sein. Dass das Pferd dem Zug des Halfters nach unten folgt, ist deshalb so wichtig, weil so sein Kopf auf die gewünschte Höhe eingestellt werden kann – auch eine wichtige Vorübung fürs Reiten. Später, beim Einreiten können Sie dann mit dem Stimmkommando das Pferd den Kopf senken lassen, und das zu einem Zeitpunkt, an dem das Pferd die Zügelhilfen noch nicht richtig kennt und, verwirrt durch das Gewicht im Rücken, sich schnell falsche Bewegungsmuster angewöhnt. Ihr so vorbereitetes Pferd lernt aber gleich, den Reiter nicht mit hoch getragenem Kopf und daher weggedrücktem Rücken zu tragen. Fortführend ist die Übung 19.

9. Seitwärts treten

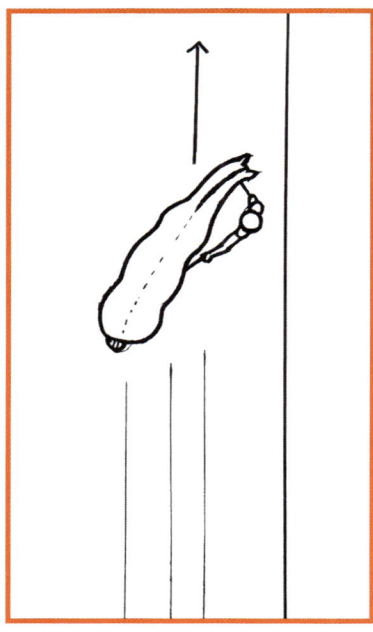

Abb. 18: Praktisch für Anfänger: Im Konter-Schulterherein hemmt die Bande den Vorwärtsdrang, das Pferd tritt leichter seitwärts.

Es fällt einem jungen Pferd leicht, einige Schritte seitwärts zu treten, wenn Sie in der Konter-Schulterherein-Stellung anfangen, also den Kopf des Pferdes zur Bande oder einer anderen Begrenzung stellen.

Man führt das Pferd zunächst gerade auf dem zweiten Hufschlag, während man selbst mit dem Rücken zur Bande mitläuft. Jetzt sind Sie dem Pferd zugewendet. Nun die Hinterhand des Pferdes auf den dritten Hufschlag treiben (wie in der Vorhandwendung). Gleichzeitig selbst vorwärts-seitwärts gehen. So verbinden Sie Führen in die Bewegungsrichtung (Hinterhand) mit dem Seitwärtstreten-Lassen der Beine (Vorderhand). Sobald drei, vier Tritte gelingen, belohnen und in der entgegengesetzten Richtung üben. Nach wenigen Schritten wieder belohnen. Die Anzahl der Tritte langsam steigern, einige wenige genügen am Anfang. Das Pferd soll ruhig und korrekt treten. Wenige gute Schritte sind viel besser als viele schlechte.

60

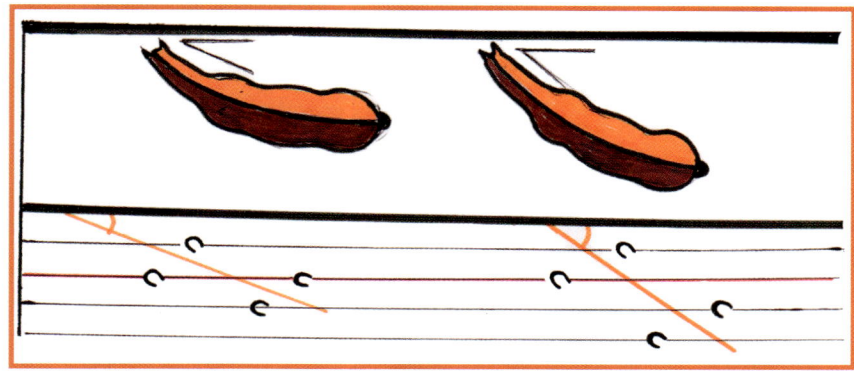

Abb. 19: Je stärker die seitwärts treibende Hilfe, desto steiler die Abstellung zur Bande. Bei einer Abstellung von ca. 30 Grad geht das Pferd auf drei, bei 45 Grad auf vier Hufspuren.

Betont die führende Hand ihre Aktion, wird das Pferd weniger steil seitwärts gehen, betont die treibende Hand ihre Aktion, wird der Winkel zur Bande größer, das Pferd geht stärker seitwärts als vorwärts. Anfangs anhalten vor dem Seitwärtsgehen. Später aus dem Schritt heraus üben. Immer erst planen, genau wissen, was man will, und dann ausführen.

Bei 30 Grad Abstellung von Hufschlag kreuzen nur die Vorderbeine, bei 45 Grad kreuzen Vorder- und Hinterbeine. Versuchen Sie, nicht mehr als 45 Grad Abstellung zu verlangen, lieber öfter 30 Grad zur Bande, damit die Hinterhand unter den Schwerpunkt des Pferdes tritt und nicht daran vorbei, was bei mehr als 45 Grad der Fall wäre.

> *Immer erst planen, genau wissen, was man will, und dann ausführen.*

Die Ausbildung der Seitengänge beginne ich mit dem Schulterherein. Wenn das sitzt, arbeite ich auch mit dem ungerittenen Pferd schon an der Travers-Stellung. Schulterherein und seitwärts weichen lassen gehören zu den sehr frühen Übungen, den Travers jedoch beginne ich erst, wenn das Pferd die Hinterhandwendung gut beherrscht und ich auch mit dem Fahren von hinten anfange.

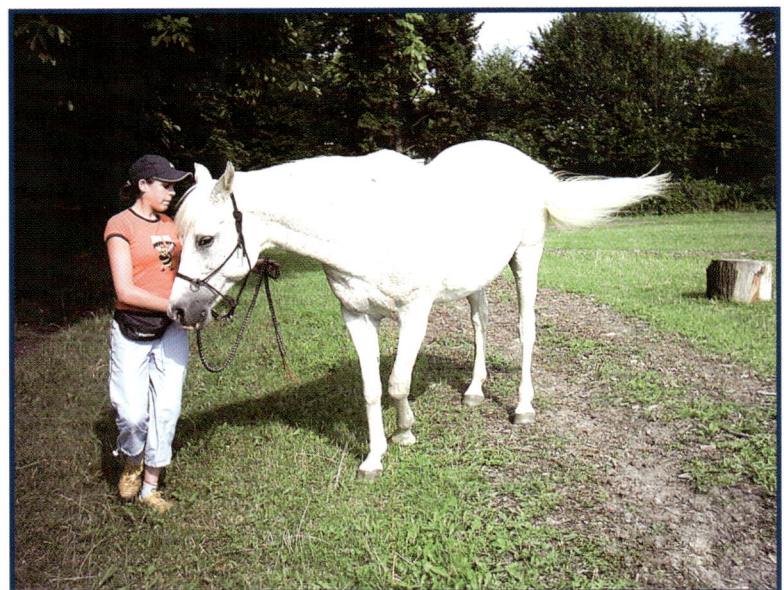

Abb. 20: Meine Schülerin Selina und Nadja (25 J.) bei der Bodenarbeit. Auch alte Pferde freuen sich über Beschäftigung, und Gymnastik hält Körper und Geist fit.

10. Mit den Vorderhufen auf etwas steigen

Ich stelle das Pferd vor eine kleine Erhöhung, etwas höher als ein Gehsteigrandstein (das kann ein Podest sein, welches man sich aus einer Palette, Spanplatten und Teppich selbst bauen kann oder auch eine Baumscheibe wie im Bild zu sehen), lasse es schnuppern und belohne es, während es die Nase tief auf dem Podest hat. Dann nehme ich ein Vorderbein, gebe das Kommando „Fuß vor!", stelle den Huf auf das Podest und belohne wieder. Ich zupfe leicht am Halfter nach vorne und gebe das Kommando „Hoch!" oder „ Auf!". Wenn das Pferd folgt, das hochgestellte Bein belastet und mit dem zweiten Bein nachkommt, belohne ich es erneut. Steht es nun mit beiden Vorderbeinen auf dem Podest, gebe ich das Kommando „Zurück!", noch bevor das Pferd von alleine auf die Idee kommt, wieder herunterzuklettern. Wenn ich das ausreichend oft nebenbei auf meinem Weg zum Reitplatz oder beim

Spaziergang geübt habe, suche ich uns etwas Größeres zum Weiterüben, z.B. einen abgeschnittenen dicken Baumstamm oder ich erhöhe das Podest um eine weitere Palette. Die Höhe sollten Sie aber nur langsam steigern.

Abb. 21: Auf ein Podest steigen. Pferde lieben diese Übung, sie hebt ihr Selbstvertrauen.

11. Kleiner Zirkel an der Hand (Schritt)

Während ich das Pferd im Schritt führe, wechsle ich die Führhand und die Gertenhand, drehe mich seitlich auf das Pferd zu und breite die Arme etwas aus. So lasse ich das Pferd in einem kleinen Zirkel um mich herum Schritt gehen. Da das Pferd mir sehr nahe ist, habe ich es gut unter Kontrolle und kann es problemlos drei, vier Runden um mich herumgehen lassen.

Wenn das funktioniert, steigere ich die Anforderung, indem ich die Hand, also die Richtung wechseln lasse. Dafür gehe ich zwei, drei Schritte zurück und wechsle währenddessen Gertenhand und Führhand (dieser Wechsel ist mein Signal ans Pferd). Das Pferd wird mir in die Zirkelmitte folgen. Dann kann ich es mit Körperdrehung und Gertenzeig in die neue Richtung schicken und es auf der anderen Hand Schritt um mich herumgehen lassen. Mein Kommando lautet „Herum!", ich gebe es gleichzeitig mit meinen Körpersignalen.

Nach wiederum drei, vier Runden halte ich das Pferd an und belohne es. Ich achte darauf, dass es nicht auf mich zu kommt, sondern gehe zügig zum Pferdekopf, um zu belohnen. Diese kleine Übung wird sehr gut von jungen Pferden angenommen und ist Grundlage für das spätere Longieren. Wenn diese Übung ein fester Bestandteil der Bodenarbeit mit dem jungen Pferd ist und erst nach ca. einem Jahr (ein halbes Jahr vor dem Anreiten) das Longieren in einer Art fließendem Übergang angeschlossen wird, erhält man ein Pferd, das völlig ruhig an der Longe läuft, nicht zieht und zappelt, auf den Punkt stehen bleibt und den Handwechsel in der Bewegung ausführen kann. Zudem hat es gelernt, dass die Führposition wechseln kann, was enorm wichtig ist.

Diese Übung nicht zu lange ausdehnen, sondern immer nur wenige Runden trainieren, denn enge Wendungen sind für die Gelenke eine große Belastung und zu langes Üben kann Langeweile oder sogar Widerstand hervorrufen. Wir wollen, dass das Pferd nicht im Entferntesten auf die Idee kommt, eine Übung mit Widerstand zu verbinden.

Damit das Pferd gerade stehenbleibt, verknüpfe ich später die Übung Um-das-Pferd-Herumgehen (S. 53) mit dem Anhalten auf dem Zirkel. Dabei läuft das Pferd einige Runden um mich herum, wird angehalten, erhält das Kommando zum Stehenbleiben, ich gehe um die Hinterhand herum und belohne das Pferd von außen. In Erwartung der Belohnung von außen dreht sich das Pferd nicht mehr nach innen.

12. Stangen, Planen, Hängertraining

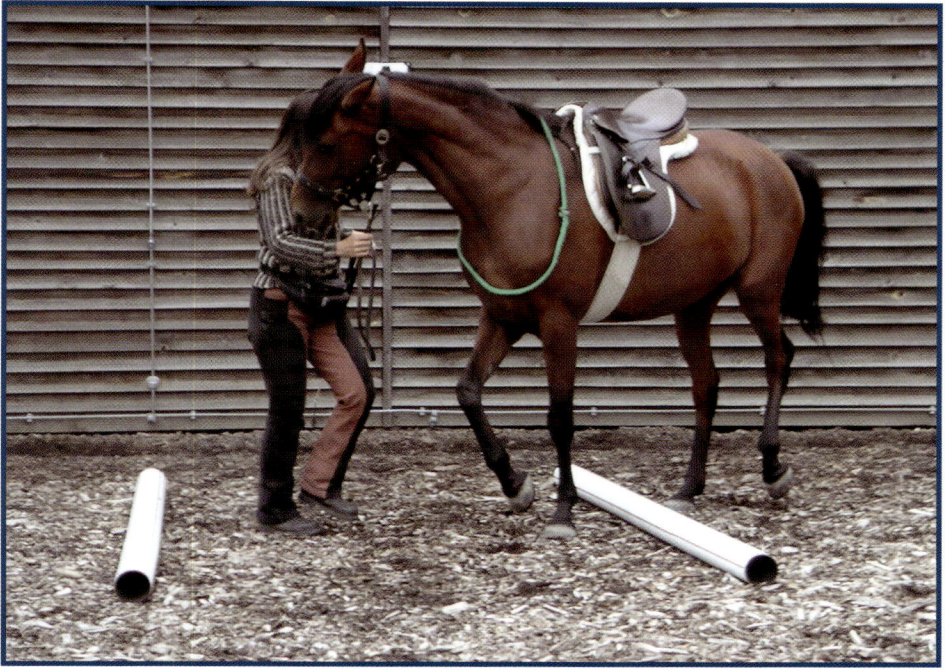

Abb. 22: Seitwärts über eine Stange. Das Ohrenspiel der vierjährigen Stute verrät die Konzentration auf das für sie nicht sichtbare Hindernis. Um einen Fehltritt zu vermeiden, muss sie der Führperson vertrauen.

Auch Übungen mit Stangen, Planen und am Anhänger mache ich sehr früh, schon ab dem Jährlingsalter. Völlig gewaltfrei und je früher, desto besser. Zuerst gehe ich mit dem Pferd über eine Stange: Ich lasse es daran schnuppern und steige dann, sorgfältig und deutlich die eigenen Beine hebend, darüber. Das Pferd läuft ganz selbstverständlich mit, wenn bereits durch das Führen und die vorherige Arbeit eine solide Vertrauensbeziehung entstanden ist. Ich signalisiere meinem Jungpferd dabei durch Ausatmen, Gähnen und Prusten, dass es ungefährlich und eine leichte Angelegenheit ist. Man kann dann zusammen trabend über Stangen laufen oder auch über Cavalettis springen. Am Anfang immer die gleichen Stangen benutzen, dann wechseln. Später werden hin und wieder beim Longieren auf dem Zirkel Stangen und Cavalettis eingebaut.

Klappt das alles, können Sie die Stangenarbeit vertiefen und das Pferd seitwärts über eine Stange gehen lassen. Die Stange liegt unter der Mitte des Pferdes, während dieses seitwärts über sie tritt. Es gehört Geschicklichkeit beim Führen dazu, damit das Pferd nicht anstößt. Nach den ersten Versuchen wird nur noch belohnt, wenn das Pferd das Ende der Stange erreicht hat, ohne anzustoßen.

Sobald Ihr Pferd im Schritt locker über Stangen tritt, können sie mit Planen trainieren. Man stellt das Pferd immer erst vor die Plane, lässt es schnuppern und belohnt es. Mit dem Kommando „Fuß vor!" fordert man das Pferd auf, erst einen und dann beide Vorderhufe auf die Plane zu stellen. Jeder Schritt in die richtige Richtung wird belohnt. Steht das Pferd mit beiden Vorderbeinen auf der Plane und hat sich so weit von ihrer Harmlosigkeit überzeugt, fordern Sie zum Weitergehen auf. Vorsicht: Möglicherweise macht es einen Satz darüber. Aber nicht schimpfen, sondern loben und belohnen. Immer weiter üben und loben, das Pferd wird immer ruhiger werden. Und nicht vergessen: Freundlich bleiben und ausatmen!

Wichtig ist es, ruhig zu bleiben und nicht wütend zu werden. Meine Ruhe strahlt Autorität aus ...

Wenn das Pferd partout nicht auf die Plane gehen will, muss ich ihm erklären, dass ich erstens Leitpferd bin, zweitens die Verantwortung übernehme und drittens mir sicher bin, dass die Sache ungefährlich ist. Entsprechende Übungen machen das klar: Rückwärtsrichten oder ruhig um mich herum treiben (ruhig bezieht sich hier in erster Linie auf den Menschen) sind dafür gut geeignet. Je nach Pferd eignet sich das eine oder das andere besser. Wichtig ist es, ruhig zu bleiben und nicht wütend zu werden. Meine Ruhe strahlt Autorität aus, das Pferd glaubt mir die Führungsrolle, schenkt mir sein Vertrauen und beruhigt sich. Ich zeige, dass die Plane ungefährlich ist, indem ich Leckerlis darauf lege, den Kopf senken lasse usw.

Man kann es sich in besonders schwierigen Fällen leichter machen, indem man ein erfahrenes Pferd vorgehen lässt. Ich arbeite immer erst mit einer kleinen Plane. Wenn das gut geht, benutze ich größere Planen. Plastiktüten, leere Hafersäcke, alte Teppiche, alles ist geeignet. Übrigens: Alle diese Dinge lege ich auch auf den Rücken meines vierbeinigen Schülers und berühre ihn damit. Natürlich auch dabei kräftig loben und viel belohnen.

Abb. 23: Wippen- und Planen-Übung mit Sahira, die diese schon als Zweijährige kennenlernte. Die Wippe muss lang genug sein, damit der Kipp-Punkt erst erreicht ist, wenn das Pferd alle vier Hufe darauf gesetzt hat.

Die Wippe kann aus einer stabilen Platte (ca. 2m lang) gebaut werden, die, über eine Rolle gelegt, dafür sorgt, dass das Brett schaukelt, wenn das Pferd darüber geht. Das Brett sollte zwei Balken zur Fixierung der Rolle haben, damit es nicht einfach wegrollt.
Die Wippe bereitet auch auf das Anhängerfahren vor, denn das Pferd wird vertraut mit einem sich bewegenden Untergrund und dem hohlen Klappern der Hufe auf dem Holz.
Ich folge dem gleichen Trainingsschema wie bei der Plane. Wenn die Pferde auf die Wippe steigen und sie sich zu bewegen beginnt, sprin-

gen viele erst mal erschreckt nach vorne ab oder fliehen rückwärts. Also Vorsicht: Nicht im Weg stehen! Trotzdem wohlwollend reagieren und so tun, als ob gar nichts gewesen wäre. Weiterüben und jedes Mal belohnen, wenn das Pferd gelassener darüber geht. Sobald es das erste Mal völlig ruhig darüber gegangen ist, sofort aufhören (große Belohnung, Sie erinnern sich!).

Pferde verbinden Erfahrungen mit Orten: Das heißt, an einem Ort, an dem ein Pferd schlechte Erfahrungen gemacht hat (Erschrecken, Überforderung), wird es immer erschrecken, Widerstand leisten usw. Sie müssen dafür sorgen, dass dieser Teufelskreis gar nicht erst in Gang kommt. Also bleiben sie an einem Ort, an dem sich das Pferd gerade erschreckt hat, so lange bis das Pferd innerlich wieder völlig ruhig ist. Wenn Sie mit dem erschreckten Pferd weitergehen, sind Sie zwar an der vermeintlichen Gefahr vorbeigekommen, aber das Pferd wird sich immer neu an dieser Stelle oder vor diesem Gegenstand erschrecken.

Die Gewöhnung an den Hänger ist noch nicht als Verladetraining gedacht, sondern als ein erstes Kennenlernen. Das Training wird je nach Pferd und Alter über mehrere Tage verteilt. Zuerst wird schon die Annäherung an den Hänger belohnt, dann wird auf der Rampe das Hochklettern geübt.

Wenn das Pferd das alles mitmacht, können Sie daran arbeiten, dass es den Hänger betritt. Die innere Trennwand ist dabei weit zur Seite gestellt. Auf den Boden in der Mitte des Hängers stellt man ein Schüsselchen mit Hafer, Brot oder Möhren. Lassen Sie dem Pferd Zeit. Es darf herumgehen, alles beschnuppern oder einfach nur herumstehen. Unterhalten Sie sich ruhig eine Weile mit jemandem. Gähnen Sie, atmen Sie aus, bevor Sie das Pferd auf die Rampe treten und ein paar Häppchen aus der Schüssel nehmen lassen. Sobald das Pferd ein paar Schritte – und seien es nur zwei – in den Hänger gegangen und dabei ruhig geblieben ist, sollten Sie für diesen Tag die Übung beenden.
Am nächsten Tag machen Sie ein paar andere Übungen der Bodenarbeit vor der Rampe des Hängers, sodass das Pferd die Futterschüssel sehen kann, die in der Mitte des Hängers auf dem Boden steht. Es darf

aber erst mal nicht hinein, sondern muss arbeiten (Wendungen, Seitwärts, im Zirkel um den Führenden gehen usw.). Nach einer Weile darf es dann ein paar Schritte in den Hänger gehen und dort aus der Futterschüssel fressen. So betrachtet das Pferd das Betreten des Hängers nach und nach als Belohnung. Nach drei- bis viermal Üben sollte das Pferd ganz mit dem Führenden hineingehen.

Ganz wichtig: Das Pferd nicht aufhalten, wenn es rückwärts aus dem Hänger gehen will. Achten Sie auf seine Signale und versuchen Sie, schneller zu sein. Richten Sie das Pferd rückwärts, bevor es von selbst auf die Idee kommt, den Hänger zu verlassen.
Wenn es bei Ihnen bleiben soll, sagen Sie deutlich „Nein!" und geben einen kleinen Impuls am Halfter, wie wenn Sie zum Antreten auffordern. Loben Sie, wenn es wieder auf Sie zu in den Hänger geht. Und noch ein paar Tricks: Lassen Sie ein gut trainiertes Pferd in den Hänger gehen und dort hörbar fressen, während das Jungpferd warten muss, oder legen Sie eine Futterspur in den Hänger, der das Pferd mit gesenktem Kopf in den Hänger folgt. Diese Methode eignet sich für das erste Kennenlernen bei Jährlingen besonders gut.

Vorläufiger Höhepunkt der Übung: Lassen Sie das Pferd alleine in den Hänger gehen und sich am Futter gütlich tun und rufen es dann nur mit dem Kommando „Zurück!" wieder heraus (nach dem Fressen natürlich). So schafft man eine gute Basis mit dem Jährling. Beim Zweijährigen wird dann die Klappe geschlossen, das Pferd angebunden und vielleicht ein Stückchen gefahren. Zum Fahren unbedingt ein routiniertes Pferd als Begleitung mitnehmen.

Für Härtefälle (aber nur für solche, das ist keine Lehrmethode!) hat sich folgendes Verfahren bewährt: Das Pferd auf die Rampe führen, so weit es geht. Zwei Helfer sind hinter dem Pferd. Die Führperson gibt einen Impuls am Halfter. So lange das Pferd steht, wird es in Ruhe gelassen, tritt es aber zurück, statt auf den Impuls vorwärts zu gehen, wird ihm dies unangenehm gemacht. Dazu treiben die beiden Helfer von hinten mit langen Gerten. Nicht zu fest touchieren, es soll sich nicht erschrecken. Das Pferd muss es immer noch aushalten können, auf der Rampe zu stehen und darf nicht in Panik verfallen. Geht es auch nur einen Schritt vorwärts, wird es belohnt.

Dann fordert der Führende wieder mit leichtem Zug zum Vorwärtstreten auf usw. Steht es, wird es in Ruhe lassen, geht es rückwärts wird es vorgetrieben, geht es vorwärts, wird es belohnt. Das Pferd soll dem Impuls nach vorne folgen, es darf aber nicht gezogen oder gezerrt werden, es muss begreifen, dass vorwärts gehen angenehm ist.

13. Hinterhandwendung

Bei der Hinterhandwendung treibt man die Vorderhand um die auf der Stelle tretende Hinterhand. Das ist für das Pferd bei richtiger Körpersprache leicht zu verstehen und umzusetzen. Am Anfang genügt eine Viertelwendung. Erst wenn das gut geht, wird mehr gefordert. Der Führende steht neben dem Hals und richtet seine Bewegungslinie auf die Schulter. Die Hand am Halfter stellt das Pferd in die Bewegungsrichtung, die andere Hand treibt die Schulter mit kleinen Impulsen und gleichzeitig geht man selbst seitwärts tretend auf einem kleinen Kreis mit den kreuzenden Vorderbeinen des Pferdes mit. Als Kommando benutze ich „Dreh dich!". So kann das Pferd auch unterm Sattel am Kommando unterscheiden, was gewünscht wird, Vorhand- oder Hinterhandwendung.

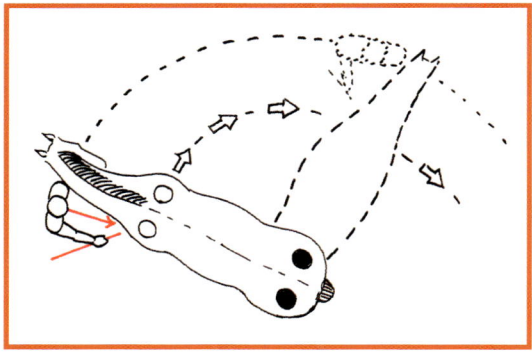

Abb. 24: Die Hinterhandwendung

Die Schulter nicht zu schnell oder zu stark treiben, sonst schert die Hinterhand aus, anstatt am Platz zu bleiben. Am Anfang ist es hilfreich, das Pferd an eine Wand zu stellen und die Schulter/Vorhand von der Wand weg zu treiben. Das hilft dem Pferd, die Hinterbeine auf der Stelle mittretend zu halten und nicht nach hinten auszuweichen.

70

14. Stillstehen, Gamaschen anlegen

Ich lehre mein Pferd still zu stehen, indem ich ihm die flache rechte Hand auf die Stirn lege und „Still!" sage. Die linke Hand hält das Pferd am Halfter kurz gefasst. Dabei starre ich dem Pferd nicht in die Augen, sondern stelle meinen Blick weit, sodass ich es sehe, ohne es anzustarren. Zappelt das Pferd, sage ich „Nein!", gebe gleich anschließend wieder das Kommando „Still!", und beruhige mit „Schsch!", wenn es sich bewegt. Hält es auch nur drei Sekunden still, wird es sofort gelobt und mit Leckerli belohnt. Der Erfolg dieser Übung hängt von häufigen Wiederholungen über mehrere Tage ab. Geben Sie dem Pferd Zeit, die Übung mental zu „verdauen". Kein Kauen, kein Ohrenspiel sind erlaubt. Die Dauer des Stillstehens langsam steigern. Zuerst nur einige Sekunden fordern. Eine Belohnung beendet diese Übung.

Abb. 25: Bei der Übung „Stillstehen" sind weder Ohrenspiel noch Kauen erlaubt.

Im Gegensatz zum Hufegeben soll das Pferd die Beine stehen lassen, während wir die Gamaschen anlegen. Vorausgesetzt die Kommandos „Nein!" und „Gut!" sind eingeführt und bekannt, geht das ganz einfach. Hebt das Pferd das Bein beim Anlegen der Gamasche, „Nein!" sagen oder „Ab!". Wenn das Bein stehen bleibt, natürlich loben. Konsequentes und geduldiges Üben bringt schnell Erfolg. Zuerst an den Vorderbeinen üben, das ist leichter. Beim Üben an den Hinterbeinen ist es hilfreich, das Pferd so an eine Wand zu stellen, dass es nicht zur Seite ausweichen kann.

15. Anheben der Vorderbeine, Spanischer Schritt

Ich stelle mich etwas seitlich neben das Pferd. Merken Sie sich diese Position, denn sie ist schon Teil des Signals für das Pferd. Dann klopfe ich mit meinen Fingern an die Innenseite des Vorderbeins über dem Karpalgelenk. Das ist eine Stelle, die für mich im Stehen gut zu erreichen ist. Achtung: Auch dieses zweite Signal immer gleich ausführen. Nun beuge ich mich vor und nehme ein Vorderbein hoch, wobei ich das Kommando „Vor!" gebe. Immer das gleiche Wort und die gleiche Betonung verwenden! Ich hebe das Vorderbein nach vorne an und gebe wieder das Stimmkommando, während ich das Bein so hoch halte, wie ich es im Spanischen Schritt sehen will. Belohnen, während das Bein noch oben gehalten wird. Danach gleich das Ganze auf der anderen Seite: Gleiche Position, gleiche Signale, gleiches Kommando, Belohnen.
Wenn ich das an drei, vier Tagen einige Male mit dem Pferd gemacht habe, hebt es auf Kommando schnell sein Bein. Die Belohnung gibt es dann, wenn das Bein auf Berührung und Stimmkommando gehoben wird (nicht mehr festhalten). Im Stehen wird so lange geübt, bis der Spanische Schritt im richtigen Rhythmus und mit guter Höhe ausgeführt wird. Sobald das Pferd verstanden hat, was es tun soll, kann die Vorderbeinhebung in der Bewegung geübt werden, der Spanische Schritt.
Das häufigste Problem beim Erlernen des Spanischen Schritts ist, dass er „im Stehen stecken bleibt". Für die Phase 2 kommt ein weiteres Signal dazu: Das Pferd wird normal geführt. Ohne den Körper zu verdre-

hen, legt man die Führleine in die äußere Hand. Der Wechsel des Führstricks wird künftig zum ersten Signal für den Beginn der Übung. Ich gebe das Kommando „Schritt, Schritt, Schritt …!", führe noch ca. zehn Schritte weiter und halte mit einer kleinen Körperdrehung an. Jetzt stehe ich in der gleichen Position wie bei der Vorübung und fordere sofort nach dem Anhalten durch Stimmkommando und Antippen das Heben des Vorderbeins auf meiner Seite. Belohnen, wenn das Pferd das Bein hebt, auf die andere Seite des Pferdes gehen, den Strick wieder in die nun äußere Hand legen, und Kommando/Signal geben, das andere Bein zu heben. Dann wieder ca. zehn Schritte führen, anhalten und das Ganze noch einmal.

Sehr schnell verstehen die Pferde, was sie sollen und meine Signale können immer feiner werden. Sie fangen bereits aus dem Anhalten an, das Bein anzuheben, was ich durch Berühren und das Kommando „Vor!" während des Anhaltens zu fördern versuche. Von diesem Moment an gehe ich nicht mehr auf die andere Seite, sondern touchiere von einer Seite die Beine, sodass erst das eine, dann das andere angehoben wird. Dann wieder Schritt führen, damit keine „Stehübung" daraus wird.

Abb. 26 + 27 + 28: Spanischer Schritt: linkes Bein, Übergang, rechtes Bein. Der Spanische Schritt verbessert die Beweglichkeit der Schulter und baut Muskeln auf. Er bereitet so auf eine kadenzierte Passage vor.

Hat das Pferd den Ablauf begriffen, fange ich an, mehr als jeweils eine Beinhebung zu fordern. Ich erreiche drei, vier Schritte im Spanischen Schritt, indem ich immer, wenn ein Bein in der Luft ist, selbst einen kleinen Schritt vorwärts mache und am Halfter einen Impuls nach vorn gebe. Jetzt wieder das Kommando geben. Sobald das andere Bein in der Luft ist, gehe ich wieder selbst einen Schritt und gebe den Impuls nach vorne, Schritt für Schritt.

Dabei darauf achten, immer etwas seitlich vom Pferd zu bleiben, damit man nicht vom Pferd unabsichtlich getreten wird. Für lange Zeit nicht mehr als wenige Schritte fordern, erst nach ca. einem Jahr, wenn die Muskulatur sich entsprechend entwickelt hat und der Rhythmus gefunden ist, kann ich den Spanischen Schritt länger verlangen.
Diese Lektion erfordert viel Geduld, aber sie ist eine gute Übung für eine freie Schulter, und man wird reichlich belohnt, wenn es gelingt, später den Spanischen Schritt mit dem Trab zu verbinden und die Passage davon abzuleiten. Das ist aber erst dann möglich, wenn der Spanische Schritt ganz leicht und selbstverständlich abgerufen werden kann. Bei meiner sehr begabten Sarita war es schon dreijährig möglich, eine kurze, aber gute Passage aus dem Trab und der Beinhebung zu entwickeln. Aber ich hatte den Spanischen Schritt bei ihr auch bereits mit knapp einem Jahr angefangen! Der Trab, verknüpft mit dem Anheben der Vorderbeine, führt zum Mitteltrab oder zur Passage. Sarita bot mir beides an und ich belohnte die Passage. Seitdem geht sie in der Passage auf das Kommando „Trab vor!".

16. Kompliment

Ich habe mich beim Kompliment von Nathalie Penquitt inspirieren lassen und es nun schon vielen Pferden auf diese Weise beigebracht. Gewaltfrei und ohne Fußlonge.
Schritt 1: Das Pferd lernt, mit der Nase der Hand des Menschen zu folgen. Vorzugsweise geht die Hand mit der Möhre immer tiefer Richtung Karpalgelenk.

74

Schritt 2: Der Mensch steht seitlich neben dem Pferd und bietet ihm die Möhre zwischen den Vorderbeinen hindurch an, sodass das Pferd lernt, den Kopf tief zu nehmen und die Möhre zwischen den Vorderbeinen auf Höhe der Karpalgelenke zu finden.

Schritt 3: Neben der linken Vorderhand des Pferdes seitlich stehend (Gesicht nach vorne), gebe ich das Kommando „Runter!" und klopfe mit den Fingern der linken Hand von hinten auf die Mitte des Röhrbeins (dasjenige, das angewinkelt werden soll) oder auf das Fesselgelenk.

Mit der linken Hand den Huf aufnehmen und gleichzeitig mit der rechten Hand eine lange Möhre zwischen den Vorderbeinen hindurch geben. Während das Pferd sich auf das Erreichen des Leckerbissens konzentriert, führe ich (mit Gefühl!) den Huf nach hinten. Die Möhre ebenfalls langsam nach hinten bewegen, aber so nah an der Nase des Pferdes, dass es motiviert der Möhre mit dem Maul folgt.

Die ganze Bewegung wird gleichzeitig nach hinten und nach unten ausgeführt. Ca. 20 cm reichen mir für das erste Mal. Lieber bei den ersten Übungen nicht zu weit nach hinten unten ziehen.

Bei älteren, steifen Pferden ist diese Phase erheblich schwieriger als bei den jungen. Sie folgen der Bewegung schwerfälliger und stützen sich manchmal mit Gewicht auf das Bein, das man in der Hand hält. Nicht das Bein fallen lassen. Sie müssen das Pferd unterstützen, bis es genug Kraft entwickelt hat. Ermuntern sie es, das Gewicht etwas nach hinten zu verlagern.

Es kann sinnvoll sein, die Fessel des zu hebenden Beines von vorne mit der Gerte zu touchieren oder mit der Hand anzuklopfen, weil manche Pferd das Klopfen hinten oder seitlich mit dem Spanischen Schritt verbinden und nicht klar zwischen Vorder- und Hinterseite des Beines unterscheiden können.

Schritt 4: Nach und nach gewinnen die Pferde an Sicherheit und geben dem Zug nach hinten immer weiter nach, bis das nach hinten geführte Bein den Boden berührt. Kräftig loben und die Möhre zur Belohnung ganz überlassen. Manchmal erschrecken die Pferde beim ersten Mal in dem Moment, in dem sie den Boden berühren und springen relativ schnell auf. Trotzdem loben und belohnen, dem Erschrecken keine Beachtung schenken und noch einmal üben.

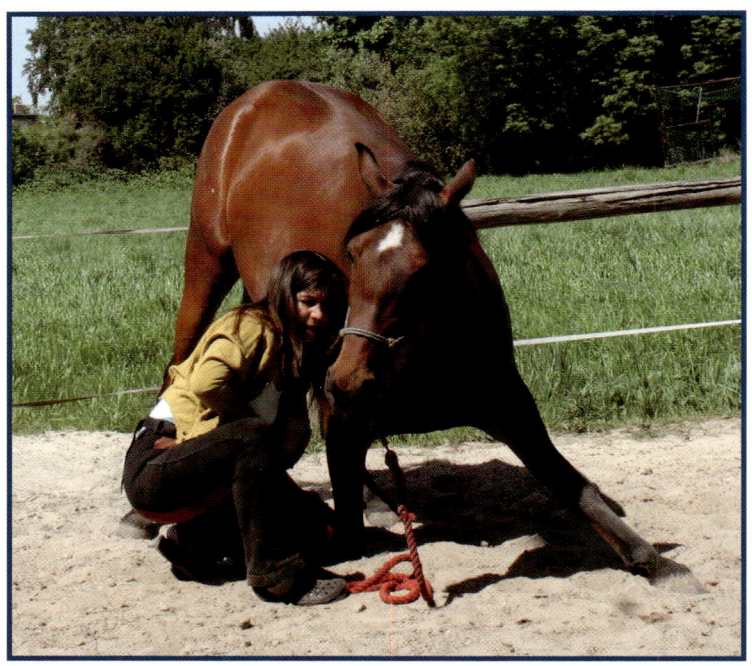

Abb. 29: Die jüngere Stute braucht noch Hilfe und steht noch nicht ganz ausbalanciert im Kompliment.

Beenden Sie die Übung, sobald Langeweile oder Signale von Überanstrengung auftreten. Sobald es geht, die Möhre von der Seite (nicht mehr zwischen den Beinen) geben, damit die Pferde nicht mit der Nase im Sand landen und zuviel Gewicht auf die Vorhand kommt.

Schritt 5: Nun geht es nur noch darum, die führende Hilfe immer feiner werden zu lassen, indem ich immer weniger aktiv bin, schließlich nur noch begleite. Zunächst habe ich noch einen Finger am Huf, dann gehe ich nur noch mit dem Körper mit, bis ich schließlich gerade bleiben kann und nur noch das Bein bei dem Kommando „Runter!" antippen muss. Sie können natürlich jedes Wort als Kommando benutzen (im Prinzip könnten Sie auch „Kartoffel!" sagen). Es ist lediglich wichtig, dass Sie dieses Wort nie für etwas anderes verwenden als für das Kompliment.

Achtung: Das Bein immer an der gleichen Stelle antippen, wenn Sie das Kommando zum Kompliment geben. Das ist wichtig, wenn Sie aus dem Kompliment später das Liegen und Knien entwickeln wollen.

17. Klappersack-Training, Reifen ziehen

Die Ausbildung eines jungen Pferdes erfordert, dass man an verschiedenen Orten arbeitet, spazieren geht und natürlich Anti-Schreckttraining durchführt. Alles Neue wird betrachtet und untersucht, also nah herangehen und belohnen. Steht da plötzlich ein Stuhl, ein Reifen usw., darauf zugehen und das Pferd erkunden lassen. Ausatmen und Ruhe ausstrahlen. So lange bis das Pferd ruhig wird. Dann erhält es eine Belohnung.

Der Klappersack ist ein besonders gutes Pferdespielzeug. Man nehme einen größeren stabilen alten Sack (beispielsweise Hafersäcke aus festem Kunststoff oder Leinen), dieser wird mit leeren Dosen gefüllt und gut zugebunden. Daran befestigt man eine mindestens drei Meter lange Schnur. Dieser Sack wird nun vor dem Pferd auf den Boden gelegt.

Wenn es daran schnuppert, belohnt man es, wie bei allem Neuen. Dann stößt man mit dem Fuß daran, damit es klappert (nicht zu heftig anfangs) und belohnt wieder, genau im Moment des Klapperns, mit dem Leckerli. Reagiert das Pferd auf das Klappern nicht mehr, nimmt man den Sack vom Boden auf und lässt ihn fallen. Wieder belohnen, wenn das Pferd ruhig bleibt.

Den Klappersack schiebt man an mehreren Tagen zwischen den anderen Übungen ein. Dabei klappert man allmählich immer heftiger und belohnt immer, wenn das Pferd gelassen bleibt. Jetzt kann man damit anfangen, den Sack aufzuheben und das Pferd damit an der Schulter zu berühren. Dann den Klappersack auch auf den Rücken legen.

Immer genau dann belohnen, wenn der Sack den Körper berührt hat. Wenn auch das mit Ruhe hingenommen wird, gibt man dem Sack einen Schubs, sodass er vom Rücken klappernd zu Boden fällt. Hat man ihn vorher lange und oft genug hüpfen und klappern lassen, wird das Pferd selbst dadurch nicht aus der Ruhe gebracht.

Im nächsten Schritt führen wir das Pferd wie immer und ziehen mit der anderen Hand den Klappersack hinter uns her. Ein kleiner Kreis von fünf Metern im Durchmesser genügt fürs Erste. Wenn man diese Übungen ein paar Tage lang immer in die Arbeitseinheiten eingebaut hat und das Pferd dabei ruhig blieb, kann man allmählich den Kreis vergrößern und auch mit Klappersack traben. Aber aufpassen: Sie müssen die Schnur jederzeit loslassen können und das Pferd darf niemals Gefahr laufen, in die Schnur zu geraten.

Das junge Pferd darf sich nie verfangen und man muss jederzeit das Anhängsel loswerden können. Jetzt können Sie alles hinter sich her ziehen, wonach Ihnen der Sinn steht: Reifen, Kisten usw. Wenn das vom Pferd toleriert wird, können Sie das Pferd sogar leichte Sachen über einen langen Führstrick um den Hals ziehen lassen, aber immer das Ende in der Hand behalten und loslassen können. Denn bei einem jungen Pferd muss man immer damit rechnen, dass es sich erschreckt, auch wenn es die Übung schon zehnmal ruhig gemacht hat.

Abb. 31: Der Führstrick als Zugseil wird niemals festgebunden, sondern mit der Hand festgehalten. Im Notfall kann er schnell losgelassen werden.

18. Größerer Zirkel an der Hand (Trab, Stopp)

Wenn Ihr Pferd das Traben auf einem kleinen Zirkel um den Führenden, das Gehen im Schritt und das Traben an der Hand mit Anhalten gut beherrscht, dann können Sie den Kreis auf fünf, später auf acht Meter Durchmesser vergrößern (oder sogar noch größer, je nach Stockmaß des Pferdes), indem Sie selbst einen größeren Kreis in der Mitte mitgehen. Soll das Pferd traben, muss der Zirkel so groß sein, dass es ihn im Trab gut laufen kann. Ein zu kleiner Zirkel wäre eine Überforderung für das Pferd und eine unnötige Belastung der Gelenke, wenn Sie länger als fünf, sechs Runden traben lassen.

Achten Sie darauf, dass Sie nicht plötzlich zu weit vom Pferd entfernt stehen. Nach zwei, drei Runden Schritt geben Sie wie beim Führen das Kommando „Trab!". Sie befinden sich nun in der korrekten Longierposition. Drei Runden (nicht mehr!) traben lassen, mit Heben der Longenhand und Kommando zum Anhalten stoppen und Gerte absenken. Auf das Pferd zugehen und belohnen. Das Pferd soll stehen bleiben. Handwechsel und wieder Schritt gehen lassen (ggf. dazu den Kreis verkleinern). Dann auf der neuen Hand wieder antraben.

Wenn die vorbereitenden Übungen an der Hand (Führen im Schritt und Trab sowie Anhalten, Übung 4, und der kleine Zirkel, Übung 11) gut geübt wurden, belohnt das Pferd Sie jetzt und macht willig mit.

Jetzt nur nicht übermütig werden und zu viel verlangen! Nicht mehr als 20 Runden auf jeder Hand laufen lassen, mehr erzeugt Langeweile, Widerstand oder Übermut und schadet den Gelenken. Auch später beim ausgebildeten, belastbareren Pferd sollten 10 Minuten auf jeder Hand nicht überschritten werden.

Wenn das Pferd so langsam, Schritt für Schritt, an die Arbeit an der Longe herangeführt wird, hat man vor dem Anreiten ein drei- bis vierjähriges Pferd, das willig Schritt, Trab und Galopp auf einem freien Platz an der Longe geht, ohne zu ziehen oder Unsinn zu treiben.

19. Rückentraining

Da wir später ein Pferd reiten wollen, das mit schwingendem, aufgewölbtem Rücken läuft, lehre ich die Pferde schon sehr früh den Kopf zu senken, und dies später mit Schritt, Rückwärtstreten und Trab zu verbinden. Dabei hebt sich beim gesunden Pferd der Rücken. Ich strebe dabei genau die Kopf-Hals-Position an, die ich später beim Vorwärts-Abwärts-Reiten in der Dehnungshaltung auch erreichen will, mit der Nasenlinie nahezu in der Senkrechten.

Zunächst lernt das Pferd auf Kommando, Halfterimpuls und Hand im Genick den Kopf tief zu nehmen (Übung 8). Ich verwende das Kommando „Kopf tief!", und dann unmittelbar darauf das Kommando „Schritt!" und gehe selbst los. Will das Pferd den Kopf wieder hoch tragen, gebe ich einen Gegenimpuls am Halfter, das Kommando „Kopf tief!" und führe weiter im Schritt.

„Kopf tief-Schritt!" und später, sobald die Übung im Schritt sicher verankert ist, „Kopf tief-Trab!" werden feste Kommandos, die beim Einreiten, nach der allerersten Aufregung, dem Pferd helfen, mit tiefem Kopf unter dem Reiter zu laufen. Nach dem gleichen Schema entwickle ich „Kopf tief-Zurück!", was das Pferd lehrt beim Zurücktreten Kopf und Hals fallen zu lassen und den Rücken zu wölben.

Abb. 32: Der dreijährige Wallach wird bereits vor dem Anreiten auf eine tiefe Kopf-Hals-Haltung konditioniert, um die Rückenmuskulatur zu dehnen und zu stärken.

20. Platz, Sitz und Knien

Wenn das Kompliment so sicher eingeübt ist, dass das Pferd auf Antippen und Kommando das Kompliment selbstständig ausführt, kann man mit Liegen, Sitzen und dem Knien beginnen. Das Kompliment ist die „Mutterlektion", die gut sitzen muss, denn nur so können die anderen Übungen entwickelt werden, ohne ein heilloses Durcheinander im Pferdekopf zu verursachen.

Zum Liegen („Platz!") tippe ich das rechte Bein an, gebe das Kommando „Runter!" und das Pferd geht ins Kompliment. Es hat das angetippte Bein unter dem Körper angewinkelt. Ich selbst gehe fast in die Hocke und tippe das andere, noch gestreckte Bein an. Dabei sage ich „Platz!".
Idealerweise habe ich das schon vorbereitet, indem ich immer, wenn das Pferd sich in meiner Gegenwart hinlegte, „Platz!" gesagt, gestreichelt und dem liegenden Pferd ein Leckerli gegeben habe. Ich versuche, das Ablegen auch immer an einer Stelle aus weichem Sand zu üben, am besten an einem Ort, wo sich die Pferde gerne wälzen. Ein kleiner Trick:

81

Es kann helfen, das Pferd vorher nass zu machen, weil dann das Hinlegen zum Wälzen ein instinktiver Impuls ist.

Wenn das Pferd richtig reagiert und versucht, auch das angetippte Bein anzuwinkeln, gibt es zwei Möglichkeiten. Entweder das Pferd kommt zum Knien oder es fällt um und legt sich sozusagen ungeplant, da ihm für das Knien Gleichgewicht und Kraft noch fehlen.

Gleichgültig, welche Möglichkeit es wählt, wir belohnen das jeweilige Ergebnis einige Zeit lang bei täglicher Übung mit Leckerli und geben wiederholt und deutlich das entsprechende Kommando dazu.

Wenn Sie wirklich häufig üben, können Sie nach ca. zwei Wochen dazu übergehen, nur noch dann zu belohnen, wenn sich das Pferd wirklich auf Kommando hinlegt. Wir loben es aber auch dann noch, wenn es kniet, statt zu liegen, schnell verbunden mit dem Kommando „Knie!".

Fällt das Pferd beim Versuch zu Knien um, loben wir es auch, geben aber schnell entsprechend das Kommando „Platz!".

Bei „Knie!" deute ich zusätzlich mit dem Zeigefinger auf den Boden und stelle mich vor das Pferd. Bei „Platz!" stehe ich eher seitlich. Ich versuche auf diese Weise, das Kommando mit der Körperhaltung im Gedächtnis des Pferdes zu verbinden.

Zum Aufstehen gebe ich das Kommando „Auf!" oder „Hoch!".

Wenn das Pferd die Kommandos zu unterscheiden gelernt hat, kann ich das Hinlegen abfragen, indem ich beide Beine gleichzeitig von vorne antippe.

Abb. 33: Knien

Abb. 35: Platz

Das Sitzen entwickle ich erst viel später aus dem Liegen.
Um aufzustehen, muss das Pferd erst in die Sitz-Haltung gehen. Ich versuche, das Pferd in dieser Aufstehbewegung durch eine Möhre zu bremsen. Gleichzeitig gebe ich das Kommando „Sitz!" und gebe die Möhre, wenn das Pferd gerade sitzt. Man kann das Pferd auch aus dem Liegen mit der Möhre vor der Nase hoch holen und es dabei etwas nach rückwärts dirigieren. Dabei „Sitz!" sagen, loben und abbeißen lassen. Sobald das Pferd sich zum Aufstehen mit den Hinterbeinen abdrückt, nimmt man die Möhre weg. Das funktioniert recht gut. Schnell verstehen die Pferde, dass sie nur im Sitzen die Belohnung bekommen.
Pferden, die sehr schnell aufspringen, ist das Sitzen kaum beizubringen. Schließlich ist nicht jedes Pferd auf Grund der unterschiedlichen Talente und Geschicklichkeit für jede Übung begabt.

Vertrauen und Gelassenheit werden trainiert, wenn Sie Kompliment, Liegen, Sitzen und Knien damit verbinden, dass Sie sich um das Pferd herumbewegen. Sie können die Übungen nutzen, um auf das Anreiten vorzubereiten und an das Reitergewicht zu gewöhnen, indem Sie sich, wenn das Pferd sitzt, an den Pferderücken lehnen oder sich vorsichtig auf das liegende Pferd setzen. Meine Sarita lernte mein für sie ungewohntes Gewicht im Liegen kennen. Ein großer Vertrauensbeweis!

21. Travers, Führen von hinten, Arbeit am langen Zügel, Fahren vom Boden aus

Für das spätere Einreiten ist es sehr hilfreich, wenn das Pferd bereits bei der Bodenarbeit gelernt hat, dass der Mensch seine Führpositi-on verändern kann, ohne dass der Dialog verloren geht. Bereits das Longieren hat zu dieser Erkenntnis beim Jungpferd beigetragen. Nun kommt der nächste Schritt: Ich halte den Führstrick so, dass ich meine Führposition auf die Höhe der Hinterhand verlegen kann. Dazu nehme ich den Führstrick in die bahninnere Hand und die Gerte in die äußere Hand. Die gedachte Bewegungslinie meines Körpers zeigt geradeaus, in die Richtung, in die ich mit dem Pferd gehen will.
Gibt es Probleme breite ich die Arme aus und lasse das Pferd um mich herum im Kreis laufen. Das kennt es vom Longieren und es ist daher leicht für das Pferd und beruhigt. In dieser neuen Führposition gehen wir erst einmal viel geradeaus auf dem Hufschlag. Die Bande hilft au-ßen, das Pferd gerade zu halten. Zu Beginn erst ein paar Schritte auf

Höhe des Bauches gehen. Immer wieder üben und probieren. Erst an sicheren Orten, später kann man die Übung auch ins Gelände verlegen. Wenn das Pferd sich so problemlos führen lässt, wechsle ich meine Position und gehe statt innen oder hinter dem Pferd an seiner Außenseite auf Höhe der Hinterhand zwischen Pferd und Bande, Dabei drücke ich die Hinterhand ganz leicht in Richtung des zweiten Hufschlags. Das junge, schiefe Pferd tendiert sowieso dazu, mit der Hinterhand nach innen auszuweichen und nimmt diese Übung leicht an. So erhält man eine Travers-Stellung, die man am besten gleich mit dem Kommando „Travers!" verbindet.

Später wird der Travers auch mit Gebiss, aber noch vom Boden aus, weitergeübt und fortentwickelt (Übung 26). Den Travers könnte man auch Kruppeherein nennen, denn im Gegensatz zum Schulterherein läuft die Kruppe auf dem zweiten Hufschlag. Die Hinterbeine kreuzen auf dem zweiten Hufschlag, während die Vorderhand geradeaus auf dem ersten Hufschlag weitergeht.

Für die nächste Übung bedient man sich entweder zweier langer Führstricke oder, falls man mehr Abstand zum Pferd braucht, einer Doppellonge. Vorausgesetzt das Pferd wurde an die Berührung des Seils am ganzen Körper gewöhnt, sollte es nun kein Problem sein, hinter dem Pferd zu gehen und von hinten zu lenken. Zu diesem Zeitpunkt ist es gut, wenn das Pferd bereits mit dem Tragen eines Longiergurts vertraut ist, denn so kann man die Ringe an dessen Seite benutzen, um die Doppellonge hindurch zu ziehen. So vermeidet man, dass die Stricke oder die Doppellonge zu tief rutschen. Junge Pferde können trotz Trainings empfindlich reagieren, wenn die Leine plötzlich um die Beine schlenkert. Für Notfälle ist es grundsätzlich gut, immer ein Taschenmesser mit sich zu führen, falls das Pferd sich verwickelt. Es ist jedoch besser, so vorsichtig zu arbeiten, dass so etwas niemals passiert.

Beim Fahren vom Boden üben wir zuerst Schritt-Stopp und gerade auf dem Hufschlag zu gehen. In den Ecken des Hufschlags setze ich bewusst begleitende Lenkung ein, indem ich am inneren Zügel (der am Halfter befestigt ist) kleine Impulse gebe. Wenn das funktioniert, versuche ich in der Mitte der langen Seite eine große Volte zu führen. Wenn auch das klappt, halte ich an und belohne. Immer nur eine halbe, dann eine ganze, später zwei Bahnen gehen und immer wieder belohnen. Das Pferd darf sich nicht langweilen, soll aber auch nicht gleich überfordert werden. Also Volten, Schlangenlinien und Anhalten zunächst im Schritt, bei Gelingen später im Trab üben.

Schließlich können wir sogar Schlangenlinien um Pylone „fahren".

Wählen Sie am Anfang den Abstand zum Pferd so groß, dass es Sie nicht trifft, falls es doch einmal Angst bekommt und plötzlich austritt. Je größer das Vertrauen und je weiter fortgeschritten die Erziehung, umso näher kann man an das Pferd herangehen.

Mein Tipp: Bei vollblütigen Pferdetypen den Galopp von hinten nicht zu früh anfangen, dann werden sie zu „heiß". Da Sie ja Bodenarbeit auch nach dem Einreiten immer wieder als Abwechslung praktizieren, ist dafür auch später noch Gelegenheit.

Selbstverständlich werden die Leinen bzw. die Doppellonge am Kappzaum oder Halfter befestigt und nicht am Gebiss. Ich lehne das auch

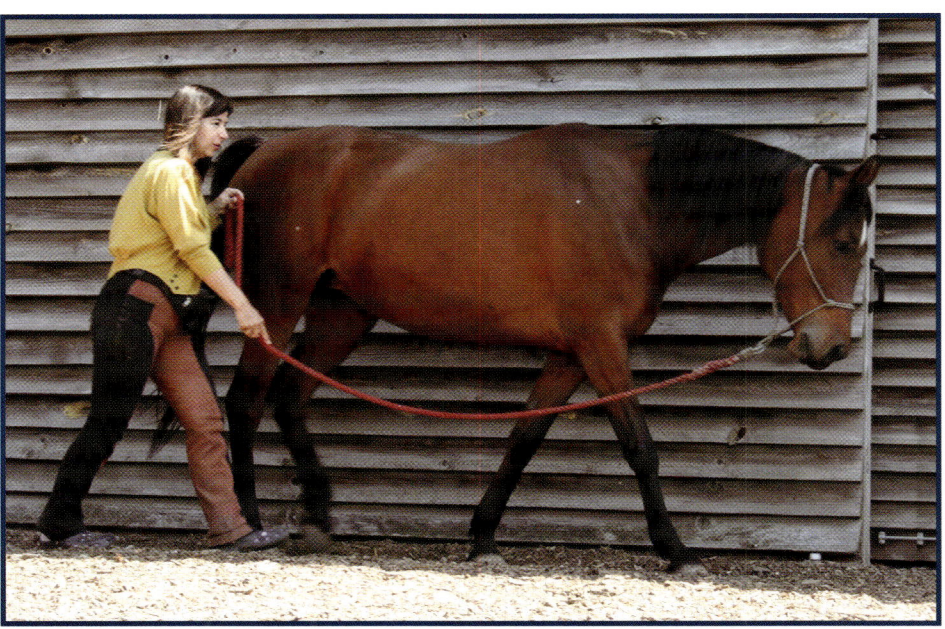

Abb. 36: Das Führen von Hinten beginnt mit Anlehnung an der Bande. Vorsicht: Anfangs Abstand halten, zur eigenen Sicherheit!

86

beim ausgebildeten Pferd ab, weil über mehrere Meter Distanz auch die beste Reiterhand nicht mehr so viel Gefühl hat.

Probieren Sie auch mal Folgendes vor dem Reiten, das können Sie ohne großes Umschnallen leicht in der Reitbahn üben: Zügel auf der Außenseite aus dem Gebiss schnallen (Sie haben jetzt die doppelte Zügellänge innen zur Verfügung). Den inneren Zügel unten am Halfter oder Nasenriemen befestigen und schon können Sie von hinten führen, die Bande begrenzt das Pferd auf der zügellosen Außenseite. Der auf der inneren Seite laufende Strick und der Mensch begrenzen das Pferd nach innen. Üben Sie Schritt, Trab, Anhalten und Rückwärts. Das ist eine gute Vorbereitung aufs Reiten und auch als Abwechslung für erwachsene Pferde eine schöne Übung.

22. Galopp an der Longe, an der Hand

Der Galopp an der Longe setzt voraus, dass das Pferd Schritt und Trab mit Anhalten perfekt an der Longe beherrscht. Man erhöht das Tempo im Trab, macht selber in der Mitte des Zirkels einen kleinen Hüpfer, hebt die Gerte an, gibt das Kommando „Galopp!" und touchiert – wenn nötig – gleichzeitig kurz mit der langen Gerte die Kruppe.

Wichtig ist, Panik und Aufregung zu vermeiden. Der treibende Druck wird ganz langsam gesteigert, bis das Pferd gelassen in den Galopp fällt. Wenn es einige Sprünge galoppiert ist, gleich wieder durchparieren. Es soll nicht ins Rennen kommen. Einige Galoppsprünge sind für den Anfang genug. Beim Anhalten belohnen und etwa eine Minute nachdenken lassen. Bei den nächsten Malen auf beiden Händen den Galopp fordern, aber wieder nur einige Galoppsprünge.

Wenn das Pferd später ruhig und ausbalanciert galoppiert, mit der Aufmerksamkeit beim Longenführer, dann kann man mehrfach angaloppieren und auch mal zwei, drei Runden am Stück galoppieren lassen. Danach immer belohnen.

Sobald das Pferd das Kommando „Galopp!" kennt, können Sie den Galopp auch an der Hand lehren. Dazu lassen Sie das Pferd neben sich traben, gehen aber selbst nur mit großen, schnellen Schritten mit. In diesem relativ langsamen Trab vor der Ecke ca. 15 Tritte laufen lassen, dann kurz vor bzw. in der Ecke das Galopp-Kommando geben und gleichzeitig selbst loslaufen. Der für die Pferde deutlich erkennbare Unterschied zwischen den großen Schritten und Ihrem Laufen hilft den meisten, an der Hand anzugaloppieren. Viele Pferde lieben diese Übung.

Kleiner Tipp: Nach der Ecke gleich auf einen Kreisbogen abwenden, damit das außen laufende Pferd den längeren Weg hat und Sie besser mitlaufen können. Die Galoppübungen am Anfang immer nach wenigen, aber eindeutigen Galoppsprüngen mit Anhalten beenden. Erst später übt man Galopp-Schritt- oder Galopp-Trab-Übergänge.

Galopp-Trab-Übergänge kann man allerdings später besser und leichter unter dem Sattel üben. An der Hand ist es wichtiger, Galopp-Schritt und Galopp-Stopp zu trainieren.

23. Rückwärtsrichten von hinten

Stellen Sie das Pferd an der langen Seite der Bahn an der Bande oder einer anderen Begrenzung auf, die ein Ausweichen nach außen verhindert. Sie stehen auf Höhe der Sattellage innen neben dem Pferd (später auf Höhe der Hinterhand). So begrenzen Sie das Pferd nach innen.

Der Führstrick wird auf der Außenseite des Pferdes nach hinten geführt zur Hand des Reiters, die über den Rücken greift (damit sich das Pferd nicht einfach nach innen umdreht). Ein leichter Impuls am Strick und das Kommando „Zurück!" bewegen das Pferd zum Zurücktreten. Lassen Sie dem Pferd etwas Zeit, auf keinen Fall Dauerdruck ausüben.

Wenn das Pferd verstanden hat, kann der Führzügel innen am Pferd laufen. So bald wie möglich das Rückwärtstreten mit tiefem Kopf fordern.

Perfekt ist die Übung, wenn Sie hinter dem Pferd stehend das Kommando geben, das Pferd vor Ihnen rückwärts tritt (Sie gehen auch rückwärts), Sie dabei keine Verbindung zum Pferdekopf brauchen und erst Recht keinen Zug ausüben müssen.

Abb. 37: Rückwärtsrichten, geführt von hinten: Anfangs wird der Strick außen am Pferd entlang geführt. Innen begrenzt die Hand.

24. Sattel auflegen (ab 2 Jahren)

Als Vorbereitung haben Sie beim Füttern und Putzen schon einmal Satteldecken oder Jacken auf den Pferderücken gelegt. Das Anlegen eines Longiergurtes und das Festziehen dürfen keine Probleme mehr bereiten, wenn sie das Satteln üben wollen.

Das Anlegen eines Gurtes wird zu Anfang mit einem voll elastischen Deckengurt geübt. Zuerst nur um den Bauch legen und beide Enden mit den Händen nach oben halten, etwas anziehen und wieder nachgeben, mehrmals wiederholen (für die positive Besetzung empfiehlt es sich, gleichzeitig etwas Hafer zu füttern). Bleibt das Pferd gelassen, wird der elastische Gurt geschlossen und bei der Bodenarbeit immer wieder angelegt, mit und ohne Satteldecke, auch beim Spazierengehen.

Beim ersten Mal lege ich den Sattel nur für eine halbe Minute auf und halte ihn fest, um ihn bei Unruhe sofort herunternehmen zu können. Es ist jetzt viel wichtiger, dass das Pferd ruhig bleibt und sich nicht erschreckt, als dass der Sattel eine lange Zeit auf dem Pferd liegt. Immer wieder üben, den Sattel nach der Bodenarbeit immer wieder kurz aufgelegen, während (das ist wichtig!) das Pferd am Anbindeplatz seinen Hafer oder ähnliches frisst (aber immer noch bereit sein, den Sattel festzuhalten bzw. herunter zu nehmen). Nach einigen Wochen dieses Trainings ist es nur ein kleiner weiterer Schritt, den Sattel mit Gurt aufzulegen. Den Gurt nicht so fest wie für das Reiten, aber gerade mit so viel Kontakt anziehen, dass der Sattel sich nicht unter das Pferd drehen oder herumrutschen kann. Wenn das Pferd den Sattel duldet, kann der Gurt ein wenig fester angezogen werden. Von da an kann man vor der Bodenarbeit satteln, sodass das Pferd den Sattel bei der Arbeit trägt.

Für die Sattelgewöhnung wählt man am besten einen sehr leichten Sattel, der alt und billig sein darf. Ich beginne mit einem drei Kilogramm schweren Sattel. Erst wenn ich sicher bin, dass sich das Pferd mit diesem Sattel gut benimmt, übe ich mit normalen, schweren Sätteln. Die Steigbügelriemen lasse ich in dieser Phase noch ganz weg, sie werden erst viel später am Sattel befestigt, kurz vor dem Einreiten. Zum Anreiten wählt man einen Sattel, der gut aufliegt, nicht drückt, mit einer dicken Satteldecke darunter. Es empfiehlt sich, mit dem Kauf des endgültigen Reitsattels so lange wie möglich zu warten, da sich der Rücken in den ersten Monaten sehr verändern kann. Auch dann muss der Sattel noch alle paar Monate auf seine Passform kontrolliert werden. Es gibt Sättel, die in der Schulterbreite mehrfach verstellbar sind und deren Polsterung mittels einer Metallgräte überprüft werden kann. In jedem Fall darf der Sattel nicht auf der Wirbelsäule des Pferdes aufliegen (Schieben Sie eine Gerte in oder durch die Kammer, während Sie auf dem Pferd sitzen). Tasten Sie seitlich unter dem Sattelblatt, ob die Sattelkissen ohne Brückenbildung aufliegen (unter der Mitte des Sattels darf kein Hohlraum entstehen, die Kissen müssen vollflächig aufliegen). Achten Sie darauf, dass der Rand des Sattels hinter dem Schulterblatt des Pferdes liegt und die Schulter nicht klemmt. Lassen Sie sich am besten von einem erfahrenen Sattler oder Reiterkollegen beraten und helfen!

25. Mit Gebiss zäumen (ab 3 Jahren)

Für die Gewöhnung an das Gebiss gibt es mehrere Möglichkeiten.
Variante 1: Ein Gummigebiss wird dem Pferd vorsichtig ins Maul gelegt, während man beide Enden in den Händen hat. Wenn das Pferd das Gebiss kurz im Maul hatte, gleich wieder herausnehmen und belohnen. Wahrscheinlich spuckt das Pferd das Gebiss sowieso gleich wieder von selbst aus. Man kann das Ins-Maul-Nehmen üben und belohnen. Gut ist es, das als Spiel mit dem Hals nach unten zu üben: Eine Schüssel mit Futter wird auf den Boden gestellt. Das Pferd will natürlich fressen. Man hockt sich neben das Pferd, schiebt ihm kurz das Gebiss ins Maul und lässt es mit dem Gebiss ein bisschen Futter aus der Schüssel nehmen. Mehrmals wiederholen und kräftig loben. Der nächste Schritt ist dann das Aufziehen eines Halfters mit daran befestigtem Gummigebiss.

Variante 2: Lassen Sie Ihr Pferd auf Kommando den Kopf senken und ziehen ihm dann ein Halfter mit daran befestigtem Gummigebiss an. Gleich mit Futter belohnen. Das junge Pferd wird vermutlich den Kopf vorstrecken und erst einmal heftig auf dem Gebiss herumkauen. Pferde müssen erst lernen, mit dem Gebiss im Maul zu fressen. Anfangs geht das mit Hafer oder weichem Brot am besten. Sobald das Pferd mit Hilfe des Futters herausgefunden hat, dass man mit dem Ding im Maul trotzdem fressen kann, ist es kein Problem mehr.
Wie beim Satteln zäume ich nun immer wieder für die Bodenarbeit und lasse das Gebiss ca. eine halbe Stunde im Pferdemaul. Wir machen unsere Übungen und belohnt wird, noch während das Gebiss im Maul ist. Ich arbeite aber noch nicht am Gebiss, die Verbindung läuft nach wie vor über das zusätzlich darüber gezogene Halfter. Das Gebiss rühre ich noch lange nicht an. Erst wenn das Gebiss im Maul zur Gewohnheit geworden ist (meist nach 20 bis 30 Mal), benutze ich bei der Bodenarbeit Zügel, die man durch kleine Karabinerhaken ins Gebiss einhängen kann.
Nach einigen schon bekannten Übungen entwickle ich nun eine neue Übung, indem ich mich neben das Pferd stelle und mit beiden Händen einen leichten Zug nach unten am Gebiss ausübe. Dabei sage ich: „Kopf tief!". Folgt das Pferd dem leichten Zug, höre ich sofort auf und beloh-

ne am Boden mit Leckerli. Das üben wir drei, vier Mal. Danach kommt mein Stimmkommando von Mal zu Mal später, denn es geht mir darum, dass das Pferd später allein auf den Zügeldruck reagiert.

Als nächstes übe ich nur an einem Gebissring Zug aus. Am besten erst auf der Seite, auf der ich stehe. Folgt das Pferd dem Zug mit dem Kopf, lobe ich und belohne. Das gleiche übe ich auch von der anderen Seite und nehme es nun in die normale Bodenarbeit mit auf. Das muss nicht täglich geübt werden.
Nachdem ich das Pferd so mit den grundsätzlichen Zügelhilfen vertraut gemacht habe, beginne ich mit der klassischen Zügelführung vom Boden aus (vgl. Abb. 38). Dabei arbeite ich in der Bewegung und gehe auf den Hufschlag. In jeder Biegung lenke ich mit dem Gebiss, meinem Körper und der leicht touchierenden Gerte. Diese Arbeit kann bis zum Slalom und sogar zu Schrittpirouetten ausgedehnt werden.

26. Travers am Boden (Vorbereitung), Zügelhilfen erlernen

Um einem jungen Pferd die Art der Biegung beim Travers verständlich zu machen, gibt es zwei Möglichkeiten des Führens: Entweder am langen Zügel oder in der klassischen Zügelführung, aber vom Boden aus. Am langen Zügel gehen Sie auf der äußeren Seite des Pferdes. Sie beginnen mit einer langen Seite geradeaus. In bzw. nach der zweiten Ecke (d.h. vor der neuen langen Seite) drücken Sie vorsichtig die Hinterhand auf den zweiten Hufschlag, dadurch erreicht das Pferd eine Travers-Stellung mit leichter Abstellung. Die Biegung des gesamten Körpers ist noch nicht stark ausgeprägt, aber das macht nichts, ein Anfang ist gemacht. Als Hilfestellung können Sie auch aus einer Ecke oder einer Volte schräg zum Hufschlag gehend in den Travers führen. Das Pferd behält aus der Volte kommend die Biegung und Stellung bei, geht aber vorwärts-seitwärts mit dem Kopf zur Wand weiter.
Wir freuen uns anfangs schon über eine leichte Biegung im Travers, auch ohne feste oder aufrichtende Verbindung. Vielmehr bemühen wir uns um einen tiefen Hals und sind dankbar für den leichten, aber spürbar ständig vorhandenen Kontakt zwischen Gebiss und Hand. Das Pferd nimmt diesen Kontakt weich an.

Auch bei der Gewöhnung an die Zügelhilfen arbeitet man mit dem Jungpferd natürlich stufenweise und mit viel Lob und Belohnung. Auf keinen Fall hart oder grob werden. Das lässt sich später nur sehr, sehr schwer wieder korrigieren! Das junge Pferd lernt – noch ohne Reitergewicht – den Zügel und seine Funktion auf geduldige und sanfte Weise kennen; es lernt, Lektionen mit Verbindung zum Zügel auszuführen. Leichtem, aufforderndem Druck soll das Pferd nach unten nachgeben. So wird es darauf vorbereitet, dem Zügeldruck auch unter dem Reiter zu folgen.

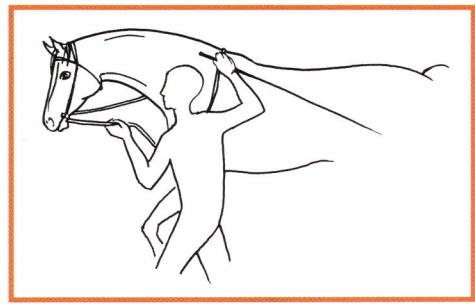

Abb. 38: Klassische Zügelführung bei der Arbeit an der Hand mit dem jungen Pferd.

Mit der klassischen Zügelführung können Pferde, die schon Anlehnung zeigen und sich aufnehmen lassen, aber noch nicht im Travers ausgebildet sind, die korrekte Stellung und Biegung im Travers ohne Belastung durch das Reitergewicht kennen lernen.

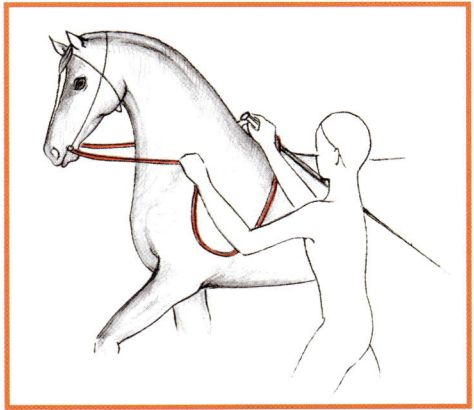

Abb. 39: Klassische Zügelführung beim ausgebildeten, aufgerichteten Pferd.

Manche Pferde brauchen aber noch eine Vorübung: Mit ihnen muss man die Travers-Stellung am Halfter üben. Sie stellen sich dem Pferd zugewandt zwischen Pferd und Bande und haken den Führstrick seitlich innen am Halfter ein. Sie selbst stehen mit dem Rücken zur Bande auf dem ersten Hufschlag, die Vorderhand des Pferdes befindet sich auf dem zweiten Hufschlag und die Hinterhand im Bahninneren. Dabei stellen Sie den Pferdekopf in die Bewegungsrichtung, das Pferd schaut nicht die Bande an, sondern den Hufschlag herunter in Bewegungsrichtung. Wenn Sie auf der rechten Hand das Travers fordern, nimmt die rechte Hand Zügel und Gerte am Mähnenkamm so kurz auf, dass Sie stel-

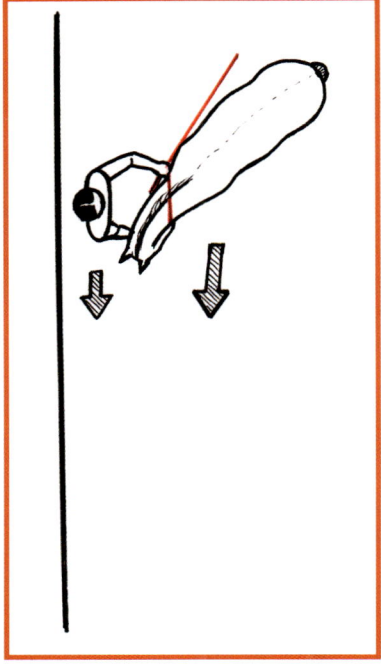

len können, während Sie neben dem Pferd seitwärts (oder vorwärts-seitwärts) den Hufschlag entlang gehen. Mit der linken Hand am Halfter helfen Sie, den Kopf in die Bewegungsrichtung zu stellen.

Die Gerte in der rechten Hand erhält die Vorwärts-Seitwärts-Bewegung. Werden Sie sanft mit der Hand, wenn die Stellung richtig ist. Nur kleine Impulse geben, damit kein Druck entsteht und das Pferd nervös wird.

27. Aufsteigen

Eine gute Vorübung für das Aufsteigen ist das Stillstehen (Übung 2). Also beginne ich die neue Übung, indem ich dem Pferd signalisiere, es solle so stehen bleiben, als würde ich um es herumgehen. Ich lege den Führstrick über dem Widerrist ab und steige dann, statt um das Pferd herumzugehen, auf ein Treppchen, das ich in etwa auf Höhe der Sattellage postiert habe. Dann greife ich über den Rücken des Pferdes und gebe ihm

Abb. 40: Travers am Halfter. Es geht nicht um eine korrekte Biegung, sondern um ein erstes Kennenlernen der Bewegungsfolge bei Biegung in Bewegungsrichtung.

von dort eine Möhre. Die Möhre reiche ich so tief wie möglich, sodass ich mich weit über den Rücken des Pferdes beugen muss. Pferde verstehen und akzeptieren das sehr schnell und leicht.

Achten Sie darauf, dass das Pferd ausbalanciert und fest auf allen vier Beinen steht. Nur das Stehen auf allen vier Beinen ohne seitliche Ausfallschritte wird belohnt. Während das Pferd gerade die Belohnung gereicht bekommt, klopft meine andere Hand am Pferd. Nach einigen Malen beginne ich, beim Belohnen den Rücken leicht zu belasten und steigere das von Mal zu Mal, indem ich mich mit immer mehr Gewicht über den Pferderücken lege.

Wenn wir so weit sind, dass ich dabei bereits die Beine vom Treppchen lösen kann und das Pferd trotz des gesamten Gewichts perfekt steht, drehe ich mich und lege vorsichtig ein Bein über den Rücken. Bleibt das Pferd gelassen, belohne ich ausgiebig.

Ich benutze für diese Übung eine vierstufige Trittleiter (ewa 50 cm hoch), damit ich hoch genug über dem Pferd stehe und mein Bein über den Rücken legen kann. Alle diese Übungen trainiere ich zunächst ohne und erst später mit Sattel. Jeden neuen Schritt übe ich grundsätzlich ohne Sattel.

Ist das Pferd so weit, dass ich mein Bein mit Gewicht über den Rücken legen kann, richte ich mich langsam zum Sitzen auf. Ich bleibe gerade so lange sitzen, wie ich brauche, um eine Belohnung zu geben, gleite wieder vom Pferd hinunter, lobe, lege eine kleine Denkpause ein und gehe zu anderen Übungen über.

Beim nächsten oder übernächsten Mal bleibe ich für zwei Belohnungen sitzen und während das Pferd kaut, bleibe ich immer länger oben sitzen. Wenn ich einige Sekunden ohne die geringste Unruhe vonseiten des Pferdes oben sitzen kann, wiederhole ich in der nächsten Übungsstunde alles ganz langsam mit dem Sattel.

Wie immer gilt: Immer langsam mit den jungen Pferden. Man verliert keine Zeit, wenn man jetzt geduldig ist, denn man erspart sich Widerstand, schlechte Angewohnheiten und oft jahrelange Korrektur, wenn das Anreiten langsam und sorgfältig durchgeführt wird.

28. Anreiten im Schritt

Zum Anreiten brauche ich einen Helfer, der sich wie in Übung 27 bäuchlings über den Rücken des Pferdes legt. Ich belohne genau in dem Moment, in dem mein Helfer sein Gewicht auf das Pferd legt. Dieser liegt nur über dem Pferd, damit er, falls das Tier unruhig wird, sich sofort hinuntergleiten lassen kann. Dann führe ich das Pferd im Schritt.

Die Pferde reagieren unterschiedlich auf das ungewohnte Gewicht in der Bewegung: Die einen kann man gleich ein oder zwei Runden führen, andere nur wenige Schritte. Um auf keinen Fall Widerstand zu erzeugen, hält man die Zeit ganz kurz und hört nach zwei Runden allerspätestens auf. Auch fünf Schritte reichen für den Anfang und sind ein Erfolg, wenn das Pferd willig und gelassen bleibt.

Geht es zwei, drei Runden ruhig mit, brauche ich keinen Helfer mehr. Ich setze mich genau wie bei den Vorübungen in den Sattel, belohne und gebe das Kommando „Schritt!". Tritt mein Pferd an, lasse ich es eine Runde im Schritt gehen, aber nur so lange, wie es entspannt wirkt. Verspannt es sich reite ich nur fünf oder zehn Schritte.

Lieber wiederhole ich die Übung am nächsten Tag. Es ist sehr wichtig, dass das Pferd das Anreiten als ruhige Übung erlebt und nicht mit Erschrecken, Überforderung und Schmerz verbindet. Bedenken Sie, welche Umstellung es für das junge Pferd ist, dass die vertraute Führperson nicht mehr vor, neben oder hinter ihm ist. Am nächsten Tag lasse ich es dann wieder ein bis zwei Runden gehen, je nachdem, ob das Pferd sich verspannt oder entspannt bleibt.

Ein Tipp: Manchmal ist es hilfreich, ein ruhiges und ausgebildetes Pferd vorangehen zu lassen. Das ist dem jungen Pferd eine innere Stütze und eine Orientierungshilfe. Das andere, absolut verlässliche Pferd sollte dann aber schon eine Weile mit in der Bahn und dem jungen Pferd vertraut sein.

Pferde sind sehr unterschiedlich. Mit dem einen kann man nach einer Woche schon fünf Minuten im Schritt gehen, ein anderes ist mit zwei Runden bedient. Bleiben Sie so lange im Schritt, bis das Pferd sich entspannt anfühlt und auf das Kommando zum Anhalten reagiert. Will es in den ersten Tagen antraben, unterbinden Sie das mit Stimmkommando und leichtem Zug am Halfter, ohne Schimpfen und ganz vorsichtig. Wenn Pferd und Reiter sich gut fühlen und losgelassen sind, geben Sie von sich aus das Kommando zum Antraben. Es empfiehlt sich jedoch wirklich, lange beim Schritt zu bleiben, bis das Pferd sich an das neue Gewicht gewöhnt hat.

Übrigens: Junge Pferde reite ich am Halfter ein und übe dabei so wenig Druck auf das Halfter aus wie möglich. Um dem Körper des Pferdes Zeit zu geben, sich an die Belastung durch das Reitergewicht zu gewöhnen, reiten wir, sobald wir bei fünf Minuten Trainingszeit angekommen sind, nicht täglich, sondern lassen immer ein bis zwei Tage mit reiner Bodenarbeit vergehen.

Abb. 41: Die junge Stute schreitet vertrauensvoll in Dehnungshaltung voran. Bald kann das Halfter gegen eine Trense mit Gebiss ausgetauscht werden.

29. Verbinden der Stimmhilfen mit Körpersignalen

Ist Ihr Pferd so weit, dass es schon etliche Minuten unter dem Reiter Schritt geht? Dann können Sie beginnen, Ihre Stimmkommandos mit vorsichtigen Körperhilfen zu begleiten. Verlagern Sie Ihr Gleichgewicht nach links oder rechts, je nach Wendung, die sie reiten möchten. Passen Sie sich dem Pferd an und setzen Sie Ihren Körper bewusst ein.

Zum Anhalten gibt man zuerst das Stimmkommando und gleichzeitig nimmt man statt der Vorlage (Remontensitz) einen aufrechteren Sitz ein. Erst Vorlage, dann langsam gerade aufrichten. Alles vorsichtig und sanft einleiten. Immer noch ist es sehr wichtig, dass keine unnötigen Widerstände auftreten.

Bei Wendungen setzen Sie anfangs nur Gewichtshilfen ein, erst später Schenkelhilfen. Schenkelhilfen beginnen als sanfter Druck. Wenn das

Pferd sicherer ist, gibt man die Schenkelhilfen bei Bedarf etwas deutlicher, um dann aber wieder so fein wie möglich zu werden.

Das Pferd benötigt eine ganze Weile, bis es alle Stimmkommandos mit den entsprechenden Körperhilfen verbunden hat. Haben sie Geduld! Das ist eine große Gedächtnisleistung für das Pferd, die der Reiter durch eigene Konzentration und durch konsequente und saubere Hilfengebung unterstützen muss.

30. Anreiten im Trab

Wenn das Gleichgewicht im Schritt gefunden ist, kann man das Pferd in einer ruhigen Situation antraben. Einige Trabtritte sind bei den ersten Malen genug. Mit Stimmkommando in den Schritt zurückführen, gegebenenfalls am Halfter etwas annehmen, dann gleich wieder lockerlassen. Schenkelhilfen werden immer noch nur ganz zart begleitend eingesetzt.

Übrigens: Bei jungen Pferden kann man durch das Lockerlassen des Zügels lange Zeit viel leichter einen Übergang in eine langsamere Gangart erreichen als durch ständiges Ziehen und Festhalten.

Das Pferd hat seine Aufgabe richtig verstanden, wenn es ohne Widerstand direkt auf Kommando antrabt. Zuerst nur kurz traben und nach einigen Tritten wieder durchparieren. Die Trabphasen nur langsam verlängern. Man verliert viel, wenn Widerstand und Verspannung auftreten, gewinnt aber im Nachhinein Zeit und Harmonie, wenn man das Neue vorsichtig und in kurzen Etappen angeht. Um das Pferdemaul zu schonen, übt man das Annehmen des Gebisses weiter vom Boden aus (Übung 25) und erst, wenn das Pferd das Lenken über Gewichtsverlagerung und Schenkeleinwirkung des Reiters kennt, werden Zügelhilfen am Gebiss eingeführt.

Sie reiten anfangs noch eine ganze Weile mit vier Zügeln, weil das Halfter mit seinen Strick-Zügeln unter der Trense bleibt. So muss man dem Pferd nicht im Maul herumziehen, wenn Lenkung oder Paraden nicht gleich angenommen werden. Später, wenn es Richtungswechsel und

Bremsen verstanden hat, bleibt immer noch ein Strickhalfter unter der Trensenzäumung. Der daran befestigte Führstrick endet am Sattel oder mit dem Zügel in einer Hand. An diesem Strick können Sie dem Pferd noch Impulse geben, z.B. zur Temporegulierung.

Zusätzlich empfiehlt sich ein Halsriemen (z.B. ein zusammengeknoteter Führstrick), denn auch dieser kann helfen zu bremsen. Wenn das Pferd zu schnell wird, ins Rennen kommt, können Sie über den Halsriemen impulsartig einwirken, um das Tempo zu drosseln. Zieht man kräftiger an, bleibt das Pferd meist stehen. Stimmkommandos, beruhigende Laute und „Brrt!" zum Anhalten gehören immer dazu.

Trabt das Pferd ungewollt an, drossle ich das Tempo über sanfte Impulse am Halfter und Halsriemen und gebe gleichzeitig das Kommando „Schritt!". Dann lasse ich eine halbe Runde Schritt gehen, fordere aber bewusst bald wieder zum Traben auf. Wenn Sie ein sehr gehfreudiges Pferd reiten und nicht ungewollt traben wollen, beschäftigen Sie Ihr Pferd. Halbe Volten, Schlangenlinien, Zirkel usw. sorgen für Beschäftigung und verhindern Übereifer.

Es kann vorkommen, dass das Pferd zappelig und nervös wird, weil es eine Hilfe nicht versteht. Da es wichtig ist, die Arbeit immer in Ruhe und Harmonie zu beenden, müssen Sie in einem solchen Fall Ihre Forderung zurückfahren; oder Sie steigen ab und fordern die Übung als Bodenarbeitslektion. Dann wieder aufsteigen und noch zwei Runden im Schritt reiten. Wirkt das Pferd dann wieder entspannt, absteigen und für heute Schluss machen.

31. Anreiten im Galopp

Es gibt zwei Wege: Die einen galoppieren, sobald sie sich im Trab sicher fühlen, die anderen galoppieren erst, wenn das Pferd bereits Gewicht auf der Hinterhand aufnehmen kann. Das bedeutet, dass das Pferd bereits in einer gewissen Aufrichtung geht, sich im Trab verlangsamen lässt und die Tritte verlängern kann. Das ist ca. nach einem Jahr Schritt und Trab erreicht. Lässt man sich so viel Zeit, heißt es, man bekommt den Galopp geschenkt. Das Pferd wird dann ohne Probleme in den Galopp unter dem Reiter finden, weil es kräftig genug ist, sich mit dem Reitergewicht in der neuen Gangart auszubalancieren.

Pferde, die zu früh galoppiert werden, rennen dem ständig drohenden Gleichgewichtsverlust davon. Galopp bedeutet für sie, unter dem Reiter rennen zu müssen, um nicht zu stürzen. Dieses Muster zu durchbrechen und einem solchen Pferd später den Galopp mit tragendem Krafteinsatz beizubringen, kann dann mehrere Jahre dauern. Es gilt, klug zu sein und nichts zu überstürzen (auch wenn der Galopp für viele die schönste Gangart des Pferdes ist).

Zum Angaloppieren unter dem Reiter muss das Pferd den Galopp an der Longe und – wenn möglich – auch an der Hand beherrschen. Das Kommando muss bekannt und gefestigt sein. Der Reiter reitet im Leichten Sitz und gibt aus einem zügigen, aber nicht hektischen Trab das Stimmkommando „Galopp!". Die Pferde machen zuerst nur wenige Galoppsprünge und sind intensiv mit der Suche nach dem neuen Gleichgewicht beschäftigt. Das fällt ihnen schwer und nimmt mehr Zeit in Anspruch als im Trab, deshalb noch allmählicher als im Trab die Dauer der Galoppreprisen steigern. Das kraftvolle und ausbalancierte Galoppieren lernt ein Pferd nicht durch langes Galoppieren, sondern durch das wiederholte Angaloppieren, denn dabei muss es die Kraft der Hinterhand am stärksten einsetzen. Fällt es aufgrund mangelnder Kraft auf die Vorhand und auseinander, beginnt es zu rennen und der Galopp wird flach und hektisch.

Also lieber häufig angaloppieren, als zu lange galoppieren. Die Kraft wächst, und keine Sorge: Am Ende galoppieren beide, Pferd und Reiter, mit großem Genuss.

32. Das Senker-Set

Das Senker-Set ist eine Art Hilfszügel, der nur am Halfter ansetzt und bei impulsartigem Einsatz – ähnlich wie die Hand am Halfter – die Kopfhaltung des Pferdes beeinflusst. Der Vorteil liegt darin, dass man vom Sattel aus jungen Pferden beim Anhalten, Rückwärtsrichten und später auch beim Vorwärtsgehen die gleiche Hilfe geben kann, die sie vom Führen kennen. Nur wenn der Reiter einen Impuls mit der Hand gibt, kommt das Senker-Set zur Wirkung. Das Pferd senkt den Kopf vorwärts-abwärts, ohne dass der Reiter schon am Gebiss arbeiten muss. Das funktioniert so: Impuls, leichter Zug, um den Kopf zu senken, dann sofort nachgeben, um das Senken zu belohnen.

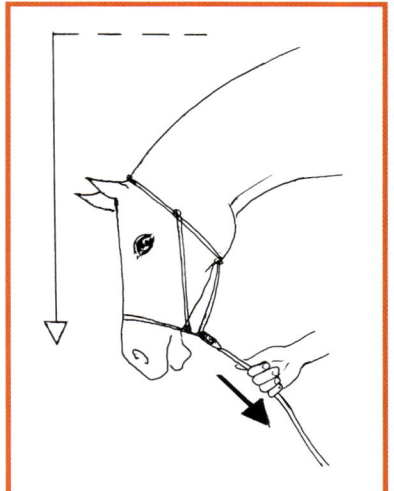 

Abb. 42 + 43: Das Kopf-Senken am Halfter bei der Bodenarbeit und das Senker-Set unter dem Sattel angewendet.

Im Gegensatz zu den bekannten Hilfszügeln wirkt das Senker-Set lediglich auf die Nase des Pferdes wie die Hand beim Führen. Das ist dem Pferd vertraut, eine eindeutig verständliche Hilfe ohne schmerzende Einwirkung auf das Pferdemaul.

Pferde lernen in Bewegungsmustern und führen alles genau aus, wenn sie dafür belohnt werden. So kann man auch älteren Pferden noch beibringen, z.B. beim Anhalten den Kopf nicht hochzunehmen. Das Senker-Set eignet sich also sowohl für die Arbeit mit jungen Pferden als auch für die Nachschulung älterer, bereits gerittener Pferde. Der besondere Vorteil für Jungpferde liegt darin, dass die Hilfe des Reiters vom Sattel aus dem Pferd schon bekannt ist und das junge Pferd nicht im Maul gestört wird. Ältere Pferde können so maulschonend korrigiert werden.

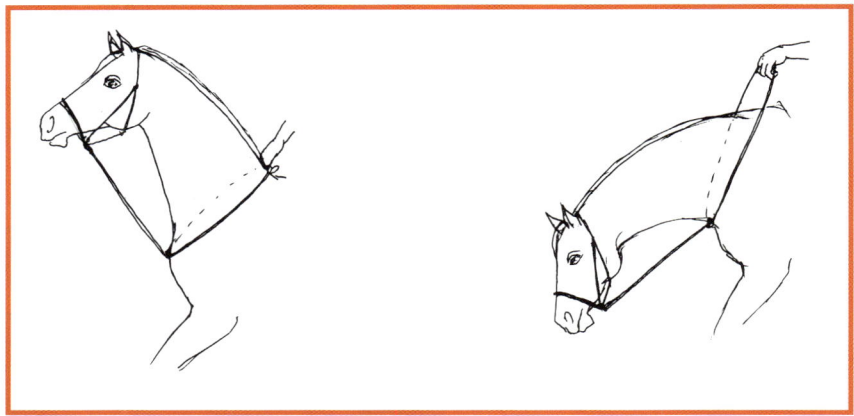

Abb. 44: Das Senker-Set zeigt dem Pferd den Weg in die Tiefe. Mit Aktivierung des Hilfszügels wird der Kopf in die Dehnungshaltung geführt.

Ein weiterer Vorteil: Das Senker-Set wirkt nicht permanent, sondern nur, wenn es durch die Reiterhand aktiviert wird. Passiv verhindert das Senker-Set nur, dass das Pferd den Kopf hochreißen kann. Es behindert nicht die Dehnung nach vorwärts-abwärts. Die Reiterhand arbeitet ungestört und aktiviert diesen Hilfszügel nur bei Bedarf. Das Senker-Set

ist für das Anreiten aber nicht zwingend notwendig, bei korrekter Ausbildung am Boden ist es überflüssig. Aber bei Bedarf kann es sehr hilfreich sein, um dem Pferd zu helfen, das richtige Bewegungsmuster zu finden.

Wichtig: Immer nur so viel und so fein wie möglich und so deutlich wie nötig, impulsartig einwirken. Gibt das Pferd nach, sofort den Hilfszügel locker lassen.

Abb. 45: Verschnallung eines Senker-Sets am Pferd. Der Hilfszügel darf den Kopf nicht unten fixieren, er kommt nur durch Einwirkung des Reiters zum Tragen.

102

33. Hilfszügel beim jungen Pferd

Junge Pferde sollten überhaupt nicht mit Hilfszügeln geritten werden, es sei denn, sie wirken wie das Senker-Set nur punktuell und über das Halfter ein. Wenn das Pferd schon im Gelände geritten wird, kann ein Martingal als Sicherheitsbegrenzung angebracht sein. Kein Hilfszügel ersetzt eine weiche, gute Hand und die Begrenzung durch Hilfszügel birgt immer die Gefahr, die Gänge des Pferdes negativ zu beeinflussen. Außerdem kann ein am Gebiss wirkender Hilfszügel bei einer unbedachten und unbeherrschten Bewegung des jungen Pferdes Schmerzen im Maul verursachen. So macht das Pferd ungewollt negative Erfahrungen mit dem Gebiss. Man straft ja auch nicht durch einen Ruck am Gebiss, denn das Pferd soll sich schließlich vorwärts-abwärts an das Gebiss dehnen, es soll über das Maul in einem vertrauensvollem Dialog mit der Reiterhand stehen.

Unter bestimmten Umständen kann man in der Bodenarbeit als Vorbereitung und begleitend zum Einreiten Hilfszügel sinnvoll einsetzen. Der Einsatz muss jedoch wohl durchdacht sein und dem Ausbildungsstand des Pferdes entsprechen. Grundsätzlich kommen aber nur Hilfszügel in Frage, die dem Pferd das Fallenlassen des Halses und somit eine Dehnungshaltung ermöglichen.

Hilfszügel funktionieren grundsätzlich nach zwei Prinzipien: Entweder wirken sie auf Genick und Gebiss, wie der Expander (Halsverlängerer) und der Gogue-Zügel oder aber sie wirken nur auf das Gebiss, wie der Wiener Zügel (Dreieckszügel).

Erst wenn das Pferd an das Gebiss gewöhnt ist, sind diese Hilfszügel überhaupt einsetzbar. Bei Pferden, die sich mit dem Stimm-Kommando „Kopf tief!" schwer tun und immer einen zusätzlichen Impuls am Halfter brauchen, ist eine Kombination von Genick- und Gebisseinwirkung eine gute Übergangslösung. Nimmt das Pferd das Stimmkommando auch ohne Halfterimpuls gut an, kann man bei Bedarf auch den Wiener Zügel einsetzen. Mein Ziel ist es, bereits in der Bodenarbeit mit Anlehnung und in korrekter Dehnungshaltung zu arbeiten, um so von vorneherein die richtigen Bewegungsmuster einzuüben und zu festigen, sodass Hilfszügel nicht nötig sind.

Will man jedoch zu Ausbildungs- oder Korrekturzwecken Hilfszügel einsetzen, geht man folgendermaßen vor: Man führt das Pferd in die Mitte des gewohnten Ausbildungsplatzes, dorthin, wo man auch den Gurt gewöhnlich nachzieht und zum Reiten aufsteigt.

Dort lege ich den geeigneten Hilfszügel an, belohne und führe das Pferd wie bei der normalen Bodenarbeit im Schritt an. Ich gebe das Kommando „Kopf-tief-Schritt!" und führe im Schritt. Dann auch „Kopf-tief-Trab!" mit kurzen Stopps und Rückwärts dazwischen.

Wenn das junge Pferd angespannt wirkt, sofort zurück in den Schritt wechseln (am besten natürlich noch bevor es sich verspannt!). Wenn das Pferd zufrieden an der Hand geht, lasse ich es an der Longe drei, vier Runden im Schritt gehen und begnüge mich beim ersten Mal damit. Nach der zweiten oder dritten Trainingseinheit (nach ein paar Tagen) lasse ich das Pferd auch an der Longe mit Hilfszügel traben. Den Galopp fordere ich noch lange nicht. Galopp auf dem relativ kleinen Longierzirkel bedeutet eine große Anstrengung für das junge Pferd. Wenn ich dabei noch massiv über Hilfszügel in seine Haltung eingreife, könnte ich unnötigen Widerstand hervorrufen, denn der Zügel kann die Balancefindung auch stören. Also warte ich lieber, bis das Pferd im Trab den Hilfszügel gut annimmt, sich ausbalanciert und eine Weile daran gewöhnt hat. Die Dauer steigere ich wie immer ganz langsam. Wenn das junge Pferd alles willig und entspannt angenommen hat, können Sie einige Male am Boden ruhig mit dem Wiener Zügel arbeiten, auch wenn das Gebiss eingelegt ist.

Ausbinder lehne ich ab, da sie dem Pferd keine Dehnungshaltung ermöglichen, sie dürfen nur beim ausgebildeten Pferd kurzfristig eingesetzt werden, um in Aufrichtung zu arbeiten und das Pferd mehr auf die Hinterhand zu setzen. Diese muss das junge Pferd jedoch erst mit gewölbtem Rücken Stufe um Stufe erlernen.

Selbst wenn das Pferd die Wirkungsweise des Gebisses und auch die von Hilfszügeln bereits kennen gelernt hat, wird es von mir nur mit Halfter angeritten. So verbindet das junge Pferd das Gebiss mit einer anlehnenden Einwirkung in der Bodenarbeit, während es beim aufregenden Anreiten keine unangenehmen Erfahrungen mit dem Gebiss macht. Selbst bei einem ruhig angerittenen Pferd ist die Konzentrationsfähigkeit begrenzt. Es dauert eine Zeit lang, bis es sich an das Gewicht und die Hilfengebung von oben gewöhnt hat. Es kann all die neuen Impulse an seinem Körper noch gar nicht begreifen und sollte daher mit dem Halfter gelenkt werden, damit eine schöne und vertrauensvolle Anlehnung und Annahme des Gebisses nicht durch unerklärliche Schmerzen im Maul von vorneherein zum Scheitern verurteilt ist. Nach zwei bis drei Monaten Reiten ohne Gebiss können Sie dazu übergehen, mit Gebiss und Halfter zu reiten. Diese Phase dauert noch einmal ein paar Monate. Erst wenn das Lenken und Durchparieren über Schenkel und Gewichtshilfen möglich ist, kann das Gebiss vorsichtig zum Einsatz kommen. Die Dauer dieser Phase ist von Pferd zu Pferd verschieden.

Wenn Sie mir bis hierher folgen konnten, wird es Ihnen bald gelingen, Ihr Pferd mit leichten Impulsen mit tiefem Hals zu reiten. Nun ist eine weiche nachgebende Hand gefragt und keine Ausbinder mit ihrer starren Begrenzung, denn das junge Pferd soll sich in die Tiefe dehnen können. Es ist ja noch dabei, die neue Bewegungsmechanik, Schritt und Trab unter dem Reitergewicht mit aufgewölbtem, schwingendem Rücken zu erlernen. Dafür muss es mit gesenktem Kopf frisch und locker vorwärts gehen können.

Abb. 46: Eine breite Zügelführung erleichtert dem jungen Pferd das Auseinanderhalten von rechts und links. Die junge Stute hat gerade das Lenken verstanden.

3.3 Was man bedenken sollte

Bei der Ausbildung eines jungen Pferdes muss man sich immer wieder klar machen, dass jede Überforderung Rückschritt bedeutet. Das Vertrauen kann verloren gehen, wenn Nerven und Körper überlastet werden. Kampf und Widerstand müssen unbedingt vermieden werden, denn sehr schnell kann das Pferd dabei lernen, dass es wesentlich stärker ist als der Mensch. Überfordern Sie Ihr Jungpferd auch nicht durch zu viel Gewicht. Reiter und Sattel zusammen sollten nicht mehr wiegen als höchstens ein Fünftel des Pferdgewichts. Kurze, regelmäßige Reitreprisen sind besser als lange Reiteinheiten, die plötzlich und unvorbereitet kommen. Das junge Pferd wird nicht jeden, sondern jeden zweiten Tag geritten. Auch einige Tage Pause sind ab und zu gut. Wird die Muskulatur nicht systematisch aufgebaut (wie bei jeder Sportart ja auch beim Menschen), ist der Bewegungsapparat schnell überlastet und es drohen dauerhafte Schäden bis hin zur Reituntauglichkeit des Pferdes.
Grundsätzlich fördert Regelmäßigkeit beim Reiten die Bildung der Muskulatur. Dazwischen arbeitet man weiter an der Ausbildung an der Hand. Vor dem Reiten wird immer Bodenarbeit gemacht und langsam, innerhalb eines Jahres, verschiebt sich der Schwerpunkt von der Bodenarbeit zum Reiten. Ein leichter Reiter mit einem kräftigen Pferd darf unter Umständen mit dem Reiten beginnen, wenn das Pferd dreieinhalb Jahre alt ist. Ein schwerer Reiter mit einem zierlichen Pferd sollte sich gedulden, bis das Pferd mindestens vier Jahre alt ist.
Grundsätzlich sollten Pferde, gleich welcher Rasse, nicht vor dem Alter von dreieinhalb Jahren angeritten werden. Und auch dann noch vorsichtig, nicht öfter als drei Mal die Woche unter dem Reiter arbeiten. Besser ist es aber, zu warten, bis das Pferd mindestens vier Jahre alt ist. Dann sind die Wachstumsfugen des Skeletts geschlossen und dieses ausreichend stabil. Fängt man zu früh an oder trainiert falsch, fügt man dem Pferd physischen und psychischen Schaden zu.
Diese Schäden zeigen sich dann im Alter von 10 bis 15 Jahren als früher Verschleiß. So wird dann aus einem Pferd in den besten Jahren, nach oft teurem, aber erfolglosem Einsatz von Tierärzten und Therapeuten, bestenfalls ein „Frühpensionär", schlimmstenfalls ein Schlachttier.

Leider werden viele Pferde immer noch zu früh angeritten, das spart in der Aufzucht ein Jahr Arbeit, Futter, Tierarzt und Schmied. Der Schaden zeigt sich ja erst viel später und eingerittene Pferde kann man natürlich teurer und besser verkaufen. Ist das Pferd schon mit 12 bis 16 Jahren wegen Verschleißes nicht mehr reitbar, gut, dann wird eben wieder ein junges Pferd verkauft. Klingt zynisch, ist aber oft so. Auch bei Autos ist der Hersteller ja gar nicht daran interessiert, dass der Wagen endlos läuft. Aber nicht nur Züchter stehen in der Kritik. Viele Reiter sind einfach ungeduldig und glauben dann gerne, dass schon ein kräftiger, frecher Zweijähriger eingeritten werden kann. Auch der Sport ist nicht unschuldig, wenn es Prüfungen unter dem Sattel für Pferde gibt, die gerade erst dreijährig sind. Im Vollblutsport gibt es Rennen für Zweijährige! Ich halte das für ein übles Vergehen gegenüber wehrlosen Geschöpfen. Ihnen wird die Chance genommen, in Gesundheit alt zu werden.
Kinderarbeit halten wir alle für falsch und wissen, dass sie krank macht: Ein Pferd mit zwei Jahren ist ein Kind seiner Art, das ohne Rücksicht auf gesundheitliche Schäden völlig überfordert wird.

Entscheidend ist auch die passende Pferd-Reiter-Paarung:
Jugendliche gehören nur dann auf junge Pferde, wenn sie unter Aufsicht arbeiten und schon mehrere Jahre regelmäßig reiten, also relativ gut und sicher sitzen und einwirken. Es ist für beide gefährlich und kann ein gutes Pferd verderben, wenn ein selbst noch nicht „fertiger" Mensch eine junge Remonte ausbilden soll.
Ein junges Pferd braucht auch die psychische Schulung, daher sollten nur Menschen, die genügend Selbstbeherrschung und Erfahrung in der Denkweise des Pferdes haben, ein junges Pferd ausbilden. Ältere Pferde sind sehr gute Lehrer, die jungen Reitern Vertrauen und Selbstvertrauen geben können. Es gibt alte Sprüche, die einfach wahr sind: Alter Reiter, junges Pferd und junger Reiter, altes Pferd. Ein Anfänger oder auch etwas fortgeschrittener Reiter wird sehr viel mehr Freude und Erfolgserlebnisse mit einem Pferd haben, dem er vertrauen kann und dessen Ausbildungsstand über dem seinen liegt, sodass er vom Pferd lernen kann.

Auch nach dem ersten Anreiten wird das Pferd weiter mit tief einge-stelltem Hals geritten. Die Ohren sollen nicht höher als der Sattel ste-hen. Wir sprechen von der Dehnungshaltung bzw. dem Vorwärts-Ab-wärts-Reiten.

In der ersten Zeit (fast ein Jahr lang) noch nicht versuchen, das Pferd aktiv aufzurichten. Es wird selbst nach einigen Monaten stufenweise die Aufrichtung anbieten. Die Hand darf nach zwei bis drei Monaten, noch in der Phase des Reitens mit vier Zügeln, das Gebiss ganz leicht im Maul bewegen, um das Pferd an den Kontakt und das Nachgeben nach vorwärts-abwärts zu gewöhnen. Sie darf aber nicht aktiv die Vorwärts-bewegung behindern, damit der Bewegungsablauf nicht gestört wird.

Pferde, die vorne galoppieren und hinten traben, zu flache Bewegungen zeigen, passartigen Schritt gehen usw. sind das Ergebnis einer zu frü-hen und starken Begrenzung durch die Reiterhand und/oder zu früher Aufrichtung.

Eine rückwärts wirkende Hand unterbricht die Aktion der Hinterbeine. Eine zu frühe Aufrichtung belastet die Lendenwirbelsäule und verur-sacht dort Schmerzen. Daraus werden Verspannungen, die den ge-samten hinteren Bewegungsapparat beeinträchtigen. Das junge Pferd braucht mehrere Monate bis Jahre unter dem Reiter, bevor es stark ge-nug ist, dauerhaft den Rücken aufzuwölben, Last auf der Hinterhand aufzunehmen und sich aufzurichten. Erzwungene Aufrichtung macht aus dem Pferd einen „Schenkelgänger": Die Kruppe bleibt oben, weil der Rücken nicht aufgewölbt ist und die Hanken nicht gebeugt werden können. Es entsteht ein Knick im Rücken, weil die zu schwache Hinter-hand nicht richtig untertritt. Das wieder zu korrigieren ist schwierig und sehr zeitintensiv!

Folgen Sie der Ausbildungsskala, sie ist bewährt und richtig: **Takt, Los-gelassenheit, Anlehnung, Schwung, Geraderichten, Versammlung**.

Takt, Losgelassenheit und Anlehnung sind das Fundament. Wenn dieses vorhanden ist, können Schwung und Versammlung aufgebaut werden.

Takt: Das Pferd geht im Schritt (Viertakt), Trab (Zweitakt), Galopp (Drei-takt), gleichmäßig ohne Beschleunigung oder Stocken.

Losgelassenheit: Das Pferd hält den Takt, es läuft locker mit tiefem Hals und nimmt die Hilfen (Treiben und Paraden) an. Losgelassenheit ist ein körperliches und psychisches Kriterium. Losgelassenheit ist durch die Annahme der Hilfen und Entspannung gekennzeichnet.

Anlehnung: Es gibt eine beständige feine Verbindung der Reiterhand mit dem Pferdemaul. Die kann so fein sein, dass nur das Gewicht des Zügels wirkt, was im Ideal genügt, um das Pferd zu führen.

Schwung: Ist die Anlehnung gegeben, kann das Pferd mit schwingendem Rücken elastisch vorwärts treten und vermehrt die Hinterhand einsetzen.

Geraderichten: Die Hinterbeine des Pferdes laufen nicht von Natur aus direkt in der Spur der Vorderbeine. Durch das Reiten auf gebogenen Linien lernt das Pferd mit Hilfe des inneren Schenkels des Reiters in sich gerade zu gehen. Das unterstützt die Schwungentfaltung der Hinterhand und bedeutet, dass das Pferd auf der rechten wie der linken Hand geritten gleich weich und in Anlehnung bleibt. Die Vorhand wird auf die Hinterhand ausgerichtet und umgekehrt, die hohle Seite gedehnt. Die Spuren im Sand zeigen die Tritte der Hinterbeine genau in den Spuren der Vorderhufe.

Versammlung: Nach der Verlängerung der Tritte kann die Verkürzung kommen. Die versammelten Gänge behalten den Schwung, übersetzen aber die Vorwärtsbewegung in eine Vorwärts-Aufwärtsbewegung. Das Pferd trägt sich auf der Hinterhand und zeigt deutliche Hankenbeugung. Mit der vermehrten Gewichtsverlagerung auf die Hinterhand wird das Pferd vorne leichter und richtet sich auf.

3.4 Anpiaffieren

Zum Abschluss noch eine spezielle Übung. Ich habe sie bewusst nicht in den allgemeinen Übungskatalog aufgenommen, da ich nicht den Eindruck erwecken möchte, dass das Piaffieren zur Grundausbildung eines Pferdes, gar eines Jungpferdes, gehört. Trotzdem halte ich sie für eine wunderbare Übung, um die Kraft der Hinterhand, die Elastizität, den Schwung und die tragenden Kräfte zu schulen bzw. sie beim erwachsenen Pferd zu vollenden.

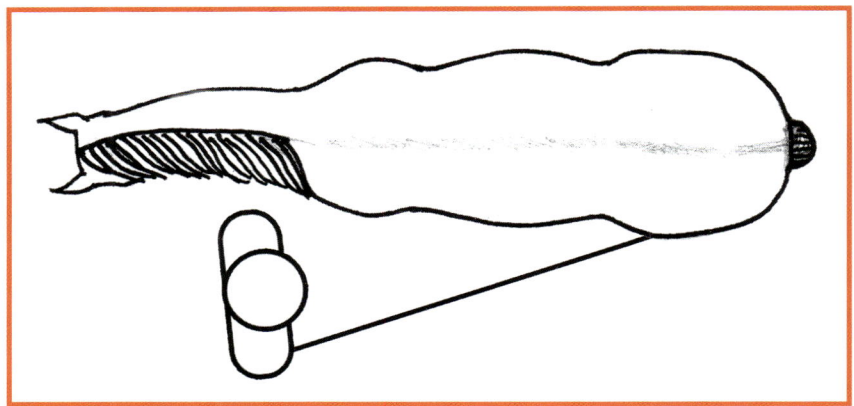

Abb. 47: Touchieren der Hinterhand zum Anpiaffieren

Ich lehre die Piaffe an der Hand vom Boden aus. Obgleich ein Pferd nicht vor seinem achten Lebensjahr unter dem Reiter piaffieren sollte, kann man erheblich früher mit den Vorübungen anfangen. Eigentlich ist der Weg hier das Ziel, denn wenn diese Übungen regelmäßig in den Stundenplan des fünf- oder sechsjährigen Pferdes einfließen, werden Durchlässigkeit, Schwung und Versammlung gefördert. Voraussetzung dafür ist natürlich, dass die Piaffe ohne Gewalt, nur durch aufeinander aufbauende Übungen gelehrt wird.

Die Piaffe ist eine Trabbewegung auf der Stelle. Sie hat eine diagonale Fußfolge wie der Trab. Da sie eine ausgeprägte Aufwärtsbewegung beinhaltet, wird sie auch als Passage auf der Stelle bezeichnet. Um dem Pferd die Piaffe beizubringen, muss ich genau wissen, worauf es ankommt und was ich bei dem Pferd schulen muss. Das Pferd benötigt Übungen, die die Hinterhand kräftigen, verbunden mit Gängen in diagonaler Fußfolge.

Ich beginne mit dem Antraben aus dem Rückwärtsrichten (Schritt 1):
Erst drei Schritte rückwärts treten lassen, dann zehn Tritte vorwärts traben. Das Rückwärtsrichten ist eine Bewegung mit diagonaler Fußfolge und ist daher als vorbereitendes Bewegungsmuster für die Piaffe gut geeignet. Man könnte nun auf die Idee kommen, einfach die Anzahl der Tritte nach hinten und vorne stufenweise zu verringern, und hat die Piaffe. Doch so einfach funktioniert es nicht.

110

Zusätzlich muss ich das Pferd lehren, die Füße nach vorwärts-aufwärts zu heben (Schritt 2):
Ich stehe parallel neben dem Pferd (etwas näher zur Hinter- als zur Vorderhand) und touchiere mit einer langen Gerte die Hinterbeine etwas über dem Fesselgelenk. Dabei gebe ich jeweils deutlich das Kommando „Tritt!". Das kleinste Anheben der Beine wird belohnt. Jedes Bein soll einzeln gehoben werden. Natürlich belohne ich wieder, wenn das Pferd die Füße hebt.
Dann soll es beide Hinterfüße im Wechsel anheben. Zuerst belohnen wir schon bei ein bis zwei Mal anheben, dann erst nach fünf, sechs wechselseitigen Tritten hintereinander.

Jetzt haben wir ein Pferd, das aus dem Zurücktreten flüssig einige Tritte Trab geht und auf Stimmhilfe und Touchieren die Hinterbeine im Wechsel hebt.
In Schritt 3 lehre ich das Pferd, kurze Trab-Tritte zu machen, d.h. die Schrittlänge wird auf die Hälfte und später noch etwas mehr verkürzt. Das ist nicht schwer zu vermitteln, wenn Sie vorher die Führarbeit ernst genommen und gründlich geübt haben. Ein kleiner Impuls am Halfter zum Antreten und ein rasches, fast gleichzeitiges verhaltendes Signal durch die Bewegungslinie und die eigene Körperdrehung zum Pferd, anschließend gleich wieder vorwärts in den nächsten verkürzten Schritt.
In Schritt 4 verbinden wir Schritt 2 und 3:
Sie geben jetzt beim verkürzten Schritt gleichzeitig das Kommando zum Anheben der Hinterbeine. Kaum ist ein Hinterbein in der Luft, geben Sie den Impuls zum nächsten verkürzten Schritt. Und immer wieder belohnen! Durch die Verkürzung geht das Pferd nun „halbe Tritte" vorwärts mit diagonaler Fußfolge, also im Zweitakt statt im Viertakt. Es hebt jeweils diagonal ein Hinter- und Vorderbein an. Das üben, bis das Pferd einen sicheren Rhythmus gefunden hat.
Die Vorübungen (Schritt 1, 2, 3) können Sie gleichzeitig beginnen, Sie müssen aber einige Wochen, je nach Alter des Schülers auch Monate Übungszeit einrechnen, bis Sie mit Schritt 4 vorankommen werden.
Schritt 5 verknüpft Schritte 1 und 4:
Das Antraben aus dem Rückwärtsrichten in kurzen Tritten mit Kommando zum Anheben der Hinterbeine. Beim Üben von Schritt 2, dem

Anheben der Hinterbeine, brauchen Sie wahrscheinlich nach einer Weile gar keine Gerte mehr und müssen auch nicht mehr touchieren. Jetzt, beim Verbinden der Übungsteile, sollten Sie die Gerte aber wieder einsetzen und touchieren, das macht es leichter für das Pferd.

Bestehen Sie nicht von Anfang an auf eine perfekte Piaffe, es darf noch lange und auch immer wieder eine kleine Vorwärtsbewegung enthalten sein. Wenn Sie die Piaffe so geduldig und langsam erarbeiten, gelingt sie auch allein am Halfter. Sogar ganz frei und ungezäumt wird Ihr Pferd diese Piaffe zeigen. Ein wunderschönes Gefühl!

Abb. 48: Hoch konzentriert zeigt Sarita eine fast perfekte Piaffe am Halfter auf Fingerzeig und Stimme.

Ist das Pferd alt genug und der Rücken durch gymnastizierendes Reiten nach drei bis fünf Jahren unter dem Sattel genügend gekräftigt (ja, so lange dauert es!), kann man einige Piaffetritte unter dem Reiter fordern. Das Pferd muss die beginnende Versammlung auf Stufe 4 (vgl. S. 164ff.) beherrschen und sich in den verkürzen Gängen gut tragen.

112

Zuerst Schwung aufbauen durch Galoppreprisen usw. Dann aus dem Rückwärtsrichten oder dem Verkürzen des Trabs die Piaffe abrufen (mit Stimmkommando). Nur eine ganz leichte Anlehnung halten, damit das Pferd sich vorne mehr aufrichten und die Hanken beugen kann. Ruhig und gerade sitzen, die Beine eine Handbreit zurücknehmen. Die Gerte darf gegebenenfalls die Hinterhand leicht antippen. Am Anfang setzt die Hinterhand oft noch nicht richtig unter, daher lieber erst Mal nur zwei, drei Tritte fordern. Das Setzen kommt aber mit der Zeit; auch bei der Piaffe am Boden kann man das beobachten. Am Boden werden weiter die Übergänge vom Schritt oder Trab in die Piaffe oder von der Passage in die Piaffe und umgekehrt entwickelt. Immer den nächsten Schritt am Boden vorbereiten und dann mit Reitergewicht wiederholen.

Noch ein etwas ungewöhnlicher Tipp: Eine besonders schöne Piaffe erhalten Sie, wenn Sie bei aufregendem Wetter, z.B. starkem Wind, spazieren gehen und dann das Piaffieren üben. Entscheidend ist die tänzerische, rhythmische und kraftvolle Anmut, die man von verkrampftem Getrippel gut unterscheiden kann. Sie sind immer auf dem richtigen Weg, wenn Sie Freude in sich und Ihrem Pferd wahrnehmen.

4 Reiten – weiterführende Ausbildung unter dem Sattel

In diesem Kapitel möchte ich den Weg zur Harmonie mit dem Pferd unter dem Sattel aufzeigen. Die Ausbildung des Reitpferdes kann man sich vereinfacht in vier Stufen vorstellen, die den Ausbildungsaufbau greifbar machen und die wachsende Leistungsfähigkeit des Reitpferdes widerspiegeln. Die vier Stufen sind Ausbildungsaufgaben und Prüfsteine für den Ausbildungserfolg zugleich. Dieses 4-Stufen-System beinhaltet die Ziele der bekannten Ausbildungsskala, ist aber meiner Erfahrung nach für die meisten eher unerfahrenen oder auch jugendliche Reiter leichter verständlich und besser in der Praxis umzusetzen, als wenn man versuchen wollte, die Skala abzuarbeiten. Zunächst möchte ich aber auf einige grundsätzliche Dinge zur Hilfengebung des Reiters eingehen.

4.1 Der Dialog mit dem Pferd

Durch den Einsatz der Reiterhilfen (Stimme, Hand, Schenkel, Körperhaltung/Sitz, Atmung) soll ein Dialog zwischen Pferd und Reiter entstehen. Der Reiter muss all diese Hilfen beherrschen und in der für die Situation angemessenen Stärke einsetzen können.

Reiten, und mehr noch, ein Pferd zu formen, ist deshalb so schwer, weil der Mensch lange am Zusammenspiel der komplexen Hilfengebung feilen muss, und weil Reiten weniger mit bloßer Technik und mehr mit dem Gefühl für die notwendige Einwirkung und für die Bewegungen des Pferdes unter dem Sattel zu tun hat. Der Reiter muss einwirken, darf aber nicht stören. Nur so entsteht Harmonie.

4.1.1 Die Stimmhilfe

Pferde sprechen und verstehen nicht unsere Sprache. Sie sind aber in der Lage – wie jedes Tier – sich eine begrenzte Anzahl von Kommandos zu merken und darauf zu reagieren. Deshalb: Je weniger Kommandos Sie brauchen, desto besser. Was Sie auf jeden Fall brauchen, ist ein gut verständliches Wort für Lob und eines für Tadel. Einfache Wörter wie „Gut!" und „Nein!" sind am besten geeignet. Diese Kommandos nicht wechseln. Nicht einmal „Gut!" sagen und beim nächsten Mal „Fein!". Ton und Lautstärke müssen der Bedeutung angemessen sein. „Gut!" klingt freundlich, „Nein!" klingt streng und kann auch lauter sein, falls nötig. Auch die Gestik muss der Situation angemessen sein. Bei „Gut!" wird gestreichelt und bzw. oder mit einem Leckerli belohnt, bei „Nein!" strafft sich der eigene Körper, es kann einen kleinen Ruck am Halfter geben oder es kommt auch mal ein Klaps auf die Schulter dazu. Ein Klaps auf die Schulter ist besser, er wird eindeutig als Strafe verstanden, ein Klaps hinten am Pferdeleib kann auch als treibend verstanden werden.

Lob und Tadel müssen unmittelbar auf die jeweilige Aktion des Pferdes folgen. Man hat ca. zwei bis drei Sekunden Zeit zu reagieren. Wird der Zeitraum länger, verknüpft das Pferd das Lob oder den Tadel nicht mehr mit der vorangegangenen Handlung, sondern mit dem, was es dann gerade tut. Beispiel: Das Pferd zappelt, die Strafe kommt aber erst, als es wieder stillsteht. Das Pferd speichert als Information: Stillstehen wird bestraft und zappeln ist in Ordnung.

„Gut!" und „Nein!" werden bei der Erziehung bzw. beim Erlernen einer Übung unterschiedlich verwendet: Das Nein einer Mutter klingt anders und strenger, wenn das Kind mit Straßenschuhen auf das Sofa springt, als wenn es auf die Frage nach vier mal fünf mit zehn antwortet. In beiden Fällen wird das Kind verstehen, dass es nicht richtig handelt bzw. die Antwort falsch war, aber Lautstärke bzw. Nachdruck des Nein sind verschieden. Genauso ist es bei Pferden: Geht es ums Benehmen, kann das Nein deutlich und auch mal laut ausfallen und darf fallweise auch von einem Klaps begleitet sein. Geht es aber ums Lernen, ist das Nein zwar deutlich, aber weder laut, noch von Strafe begleitet. Lautstärke oder ein Klaps erzeugen hier nur emotionale Verwirrung. So wird zwar falsches Handeln unterbunden, aber das Lernen wird erschwert. Bei Erziehungsfragen muss das Nein also strenger und lauter ausfallen, als wenn eine Übung falsch oder gar nicht ausgeführt wurde. Die Stimmhilfe wird beim Reiten oft vernachlässigt, gar tabuisiert, da sie auf dem Dressurplatz beim Turnier nicht erlaubt ist. Gerade in der Grundausbildung ist sie aber sehr wirksam und hilfreich. Und beobachten Sie mal die Reiter bei Spring- und Vielseitigkeitsturnieren (in der Geländeprüfung): Die nutzen alle die Möglichkeit, auch mit ihrer Stimme auf das Pferd einzuwirken, es anzufeuern oder zu beruhigen.

4.1.2 Der Dialog mit dem Pferd beim Reiten

Der Reiter spricht mit seinem Pferd über seinen Körper und den des Pferdes an vier verschiedenen Stellen. Dass müssen sowohl der Reiter als auch das Pferd lernen. Zusätzlich hat der Reiter die Stimmhilfe zur Verfügung, so kann er dem Pferd helfen, seinen Wunsch noch besser zu verstehen. Eindeutige, begleitende Stimmkommandos wie „Schritt!", „Trab!", „Galopp!", „Brrt!" oder „Steh!", „Whoa!" oder „Zurück!" erleichtern dem Pferd das Annehmen der Körpersignale (Hilfen).

Das Becken
Eines der wichtigsten Signale der Körpersprache des Reiters ist seine Beckenbewegung auf dem Rücken des Pferdes. Das Becken kann beschleunigend, bremsend, begleitend und lenkend einwirken. Durch die Bewegung des Pferdes entsteht im Becken des Reiters eine rollende Parallelbewegung. Lässt der Reiter diese Bewegung zu, geht weich mit und stört das Pferd nicht, dann begleitet er das Pferd und signalisiert ihm Einverständnis mit Takt und Tempo. Beschleunigt der Reiter seine eigene Beckenbewegung, kann er das Pferd in Takt und Tempo beeinflussen, es beschleunigen. Genauso kann der Reiter sein Pferd auch bremsen oder stoppen, indem er die Bewegung seines Beckens verhält oder stoppt (nicht mehr mit der Bewegung des Pferdes mitgeht). Dreht der Reiter sein Becken (d.h. der rechte bzw. linke Gesäßknochen wird stärker belastet), ist dies neben anderen Hilfen ein Signal für das Pferd, die Bewegungsrichtung zu ändern. Die Qualität des Reitersitzes auf dem Pferd hängt daher von der Beweglichkeit des Reiterbeckens, seiner Fähigkeit weich in der Bewegung mitzugehen, ab. Je besser und weicher das Becken des Reiters mit der Bewegung des Pferderückens mitschwingt, umso ruhiger sitzt der Reiter und umso weniger stört er das Pferd. Das Becken ist die Kommunikationszentrale zwischen Reiter und Pferd.

Die Beine

Die Beine des Reiters sollen das Pferd sanft umfassen, die Knie liegen seitlich am Pferd an. Das Bein wird aus der Hüfte nach innen gedreht und liegt dann richtig, wenn die innere Wade des Reiters den Nervenknotenpunkt an der Seite des Pferdes ca. eine Handbreit hinter dem Sattelgurt stimulieren kann. Im versammelnden Sitz liegt die Ferse auf einer gedachten senkrechten Linie mit dem Ohr des Reiters. Die innere Wade ist der Kontaktpunkt am Pferdebauch. Wer mit den Fersen treibt, stumpft sein Pferd ab. Außerdem verdirbt er sich seinen Sitz, da man beim Treiben mit den Fersen automatisch die Knie hochzieht. Feines Reiten mit unsichtbaren Hilfen ist so nicht möglich.

Nur das richtig liegende Bein berührt den Nervenknotenpunkt und kann dort gut und korrekt einwirken. Das Bein kann wie das Becken beschleunigen, verlangsamen, begleiten und lenken. Im Schritt berührt die innere Wade das Pferd wechselseitig, rechts und links am Pferdebauch. Der Rhythmus ist richtig, wenn beim Berühren (beim Treiben) das gleichseitige Vorderbein des Pferdes zurückgeht. Wenn der Rhythmus stimmt, kann man durch etwas verstärkten Druck das Pferd beschleunigen, da der Wadendruck die Aktion des vortretenden Hinterbeines verlängert bzw. verstärkt. Beispiel: Wenn dem Pferd eine Fliege am Bauch sitzt, löst sie ein Kribbeln aus. Reflexartig nimmt das Pferd das Hinterbein vor, um sie zu verscheuchen. Wenn die Wade des Reiters den Nervenknotenpunkt berührt, wird der gleiche Reflex ausgelöst. Aber Achtung: Das Pferd kann nur mit dem Bein, das gerade abfußt, den Tritt verlängern, nicht an dem Bein, das gerade die Last aufnimmt. Daher muss der Impuls genau im richtigen Moment gegeben werden, wenn das entsprechende Hinterbein vorschwingt.

Die Wade kann sanft begleiten, durch verstärkten Druck beschleunigen und durch Nicht-Berühren den Schub der Hinterhand verringern. Erliegen Sie nicht der Versuchung, bei einem nicht so gut vorwärts gehenden Pferd mit ständig treibenden oder klopfenden Schenkeln zu reiten. Aus einfachem Grund: Die ständigen Kommandos wirken wie einseitiges „Hilfengebrüll", das jeden Dialog zwischen dem Pferdebauch und den Beinen des Reiters „tötet". Das Pferd gewöhnt sich an den ständigen Druck oder die klopfenden Schenkel, wie wir uns an die Geräuschkulisse in einer Bahnhofshalle. Es stumpft ab und reagiert nicht mehr.

Die Hand des Reiters

Die Hand des Reiters kann über den Zügel das Pferd lenken, bremsen, begleiten und Beschleunigung zulassen. Sie lenkt, weil das Pferd seinem Kopf hinterherläuft, daher kann der Reiter den inneren Zügel rechts oder links verkürzen und mit dem anderen Zügel so weit nachgeben, dass der Kopf des Pferdes in die gewünschte Richtung gestellt wird. Der Körper folgt dann dem Kopf.

Sie kann beschleunigend wirken: Gebe ich aus der Kontaktspannung (Anlehnung) den Zügel etwas nach, nehme Spannung heraus, öffnet sich für das Pferd der Weg nach vorne, es geht verstärkt vorwärts. Sie kann bremsen: Nehme ich den Zügel stärker an und baue Spannung auf, wirkt das auf ein ausgebildetes Pferd bremsend. Sie kann begleiten: Halte ich den Zügel in einer leichten Kontaktspannung, die dem Pferdemaul folgt, begleite ich das Pferd.

Habe ich keinen Kontakt mit dem Pferdemaul, kann das Pferd zwar nach vorne weglaufen, aber das ist dann nicht das Ergebnis eines Dialogs, sondern resultiert daraus, dass die Telefonleitung unterbrochen ist und ein Gesprächspartner (der Reiter) nichts sagt – zumindest nicht mit dem Zügel. Zieht ein Reiter dauernd am Zügel, entsteht auch kein Dialog, denn das Pferd wird nicht mehr zuhören: Wer hört schon noch hin, wenn er ständig angeschrien wird? Kampf und Kurzschlussreaktionen entstehen.

Die Gewichtshilfe

Die Einwirkung des Reiters durch sein eigenes Körpergewicht funktioniert eigentlich allein durch die Physik: Wenn das Pferd nicht sein Gleichgewicht verlieren will – und das ist ein natürlicher Impuls bei allen Lebewesen –, muss es dem Reitergewicht folgen. Die Ausbildung von Pferd und Reiter entwickelt daraus einen Dialog. Das Pferd versucht unter dem Reiter immer wieder, sein Gleichgewicht herzustellen. Wenn mich jemand von hinten schubst, sodass ich nach vorne kippe, fange ich mit einem Schritt nach vorne diese Instabilität auf. So kann man sich das auch beim Pferd vorstellen. Wenn der Reiter sein Gewicht (Schwerpunkt) nach links verlagert, muss sich das Pferd nach links bewegen, um im Gleichgewicht zu bleiben. Ein großer Reiter auf einem kleinen Pferd hat da natürlich größere Einwirkung als ein kleiner Reiter auf einem großen Pferd. Insofern kann ich mit meinem Gewicht beschleunigen (nach vorne verlagern), bremsen (gegensitzen) und lenken (zur Seite verlagern). Wenn ich im Schwerpunkt ganz leicht und fast gerade sitze, mit meinem Gewicht keinen verändernden Impuls gebe und nur der Bewegung folge, dann begleite ich das Pferd.

Alle vier Möglichkeiten der Einwirkung – Becken, Beine, Hand und Gewicht – können also beschleunigen, bremsen, lenken und begleiten. Die größtmögliche Beschleunigung erreichen Sie demnach, wenn Sie auf allen vier „Kanälen" vorwärts signalisieren, genauso erreichen Sie die größtmögliche Bremswirkung, wenn alle vier Hilfen zum Langsamerwerden auffordern.

Wie man beim Autofahren die Kupplung langsam kommen lässt und gleichzeitig dosiert Gas gibt, muss man auch beim Reiten die Hilfen dosieren. Wenn ich beim Autofahren gleichzeitig Gas gebe und bremse, quäle ich den Motor und komme dennoch nicht vorwärts.
Für das Pferd wäre solch eine widersprüchliche Hilfengebung eine Tortur: Der Schenkel treibt, doch die Hand hält es fest und verhindert die Vorwärtsbewegung. Dem Pferd bleiben dann nur das Steigen als einziger Bewegungsausweg nach oben oder die völlige Verweigerung. Kein Wunder, dass Pferde verwirrt und widersetzlich reagieren, wenn die Hilfen unverständlich gegeneinander laufen.
Natürlich kann man bei vorsichtigem „Gasgeben" (mittels innerer Wade und Becken des Reiters) und gleichzeitigen, leicht bremsenden Impulsen (mittels Oberkörper/Schwerpunkt und Hand) bei einem entsprechend ausgebildeten Pferd mit guter Anlehnung den Spannungsbogen erhöhen bzw. das Pferd vermehrt „runden" oder „schließen". Das wirkt versammelnd, führt zur Beugung der großen Hinterhandgelenke (Hüfte, Knie, Sprunggelenk = Hankenbeugung) und führt letztendlich bei gleich bleibender Aktion der Hinterhand zur Piaffe. Das heißt, das Aufwölben und Schwingen des Pferderückens ist nicht das Ergebnis aller vier Einwirkungen in ein- und dieselbe Richtung. Es kommt auf die Feinheiten und das Zusammenspiel der Hilfengebung an.
Ein Beispiel: Signalisiere ich durch leichte Vorlage das Kommando „Vorwärts!" (gerades Sitzen im Schwerpunkt würde verlangsamen oder ste-

hen bleiben bedeuten), treibe mit der Wade und signalisiere mit der Hand aber gleichzeitig, dass das Pferd nicht vorwärts gehen soll, dann wird das Pferd rückwärts treten. Wenn ich jedoch vorne festhalte, von hinten kräftig treibe und mein Körper „Anhalten" signalisiert, kann das Pferd eigentlich nur steigen, wenn es nicht gnädig in eine Art „Piaffe" ausweicht (bitte nicht ausprobieren, das ist keine Anleitung zum Piaffieren!). Überprüfen und üben Sie also Ihre Hilfengebung und vor allem das Zusammenspiel der Hilfen ganz genau, bevor Sie Ihrem Pferd die Schuld an einem Fehler geben oder es für lustlos, widersetzlich oder gar hysterisch halten.

4.2 Takt und Durchlässigkeit

Vereinfacht gesagt bedeutet **Takt** das gleichmäßige Einhalten des Rhythmus der jeweiligen Gangart (Viertakt-Schritt/Zweitakt-Trab/Dreitakt-Galopp). Dieser Takt kann verloren gehen, wenn das Pferd – vom Reiter unbeabsichtigt – langsamer oder schneller wird, sei es durch falsche Einwirkung des Reiters oder durch Aufregung und mangelnde Konzentration. **Durchlässigkeit** nennt man das willige Annehmen der reiterlichen Einwirkung, der Hilfen.
Wenn ein Pferd die Gangart ohne Aufforderung wechselt oder vorne trabt und hinten galoppiert, im Schritt Pass geht (Pass: Zweitakt, wobei Vorder- und Hinterbein der gleichen Seite sich zusammen bewegen), schneller oder langsamer wird, wie es will, hat es Probleme mit Takt und Durchlässigkeit. Meist hapert es dann auch mit der Losgelassenheit, das Pferd ist nicht entspannt bei der Arbeit. Losgelassenheit, Takt und Durchlässigkeit hängen eng miteinander zusammen und sind die ersten Anforderungen bei der Ausbildung eines Reitpferdes in der Dressur. Ohne Losgelassenheit, Takt und Durchlässigkeit als Grundlage kann ich weder **Anlehnung**, geschweige denn **Versammlung** erreichen.

Wenn das Pferd die Grundgangarten Schritt, Trab und Galopp unter dem Reiter gelernt hat und innerhalb dieser Gangarten Takt und Tempo gleichmäßig hält, dann kann ich anfangen, das Pferd in Anlehnung zu reiten und auch innerhalb der Gangart beschleunigen oder langsamer werden. Dadurch komme ich zum Treiben, weil das Pferd Takt und Tempo hält und zwischen dem sanft auffangenden Zügelkontakt die treibenden Schenkel annimmt, die wiederum vom Becken unterstützt werden. So hält das Pferd das gleichmäßige Tempo, das Untertreten der Hinterhand wird durch die Einwirkung der treibenden Hilfen gefördert. Die Kraft von hinten ist so dosiert, dass Takt und Tempo erhalten bleiben. Der Rücken wölbt sich auf, das Pferd gibt im Genick nach – die erste Vorrausetzung für wirkliche Anlehnung und Versammlung ist gegeben.

Um das Pferd zu gymnastizieren, arbeitet man zunächst im wesentlichen an zwei Dingen: an Dehnung und Biegung.
Durch das Vorwärts-Abwärts-Reiten werden die Muskeln entlang der Wirbelsäule gedehnt und entspannt. Mit dem Fallenlassen des Halses, einer angemessen tiefen Kopfhaltung und der Nase vor der Senkrechten kommt Zug auf das Nackenband, das vom Genick des Pferdes über die Oberlinie bis zum Kreuzbein verläuft. Die Wirbel spreizen sich auseinander und der Rücken wird „gehoben". Die Rückenmuskeln des Pferdes können frei arbeiten. Nur so ist Muskelaufbau möglich. „Aufgewölbt" wird der Rücken durch die dann noch aktiv untertretenden Hinterbeine.
Neben der Dehnung arbeitet man auch an der Biegsamkeit der Wirbelsäule nach rechts und links. Das seitliche Biegen des Pferdes wird durch die Arbeit auf gebogenen Linien vorbereitet und in Lektionen, die Längsbiegung und das Unter-den-Schwerpunkt-Treten miteinander verbinden, wie Seitengänge auf geraden und gebogenen Linien, vervollkommnet. Das seitliche Dehnen und Zusammenziehen der Muskulatur lockert und kräftigt zugleich und führt so zu erhöhter Versammlungsfähigkeit.
Aber Achtung: Wer sein Pferd mit Gewalt in enge Biegungen zwingt, der erreicht gar nichts – außer vielleicht Verspannungen und Unwillen.
Dehnen, Biegen, und Lösen schaffen Durchlässigkeit, und die eröffnet den Weg zur Anlehnung des Pferdes an die Reiterhand.

Probleme mit dem Tempo

Ein Pferd im Trab verlangsamen oder beschleunigen zu können, setzt voraus, ein Pferd im gewünschten Takt und Tempo reiten zu können.

Wenn Pferde einfach losrennen und das Tempo bestimmen, liegt das meist an mangelnder Ausbildung oder Balance.

Manche Pferde haben auch „gelernt", dass sie den Reiter durch hohes Tempo verunsichern können, und entziehen sich so den Hilfen. Andere Pferde wiederum wissen und können alles – sie testen nur gerade den neuen Reiter auf ihrem Rücken!

> *Ein Pferd im Trab verlangsamen oder beschleunigen zu können, setzt voraus, ein Pferd im gewünschten Takt und Tempo reiten zu können.*

Für die Korrektur solcher Probleme ist es wichtig zu unterscheiden: Ist es eine Ausbildungsschwäche, handelt es sich um Widerstand oder um eine Kombination aus beidem. Je nachdem unterscheiden sich Übungsaufbau und meine Reaktion. Bei einem vierjährigen Pferd arbeite ich sehr positiv, d.h. ich reite kurze Strecken im Trab und lobe. Ich bringe ihm bei der Bodenarbeit an Halfter und Zügel bei, dass Zupfen am Halfter bzw. kurzes Annehmen (ohne Rucken und Härte) bedeutet, dass es langsamer werden soll, bis hin zum Anhalten. Ich bringe ihm auch bei (am langen Zügel oder bei der Arbeit an der Hand), Paraden zu verstehen und sich stellen zu lassen. Testet das junge Pferd mich und leistet Widerstand, strafe ich nicht, sondern gehe lieber in den Übungen einen Schritt zurück, arbeite im Schritt an dem, was im Trab nicht klappt usw.

Aber auch bei älteren Pferden mit Ausbildungslücken arbeite ich ähnlich: Die Grundidee ist, zu der Ausbildungsstufe zurückzukehren, auf der das Pferd willig folgt. Wie beim jungen Pferd fange ich am Boden an. Grundsätzliches, wie die Frage der Rangfolge, der Abbau von Ängsten sowie grundlegender Muskelaufbau lassen sich meist besser erarbeiten als vom Sattel aus und sind auch für Nicht-Profis, die meisten Besitzer, leistbar.

4.2.1 Bei der Bodenarbeit

Auch die Bodenarbeit gibt mir die Möglichkeit an Takt und Durchlässigkeit zu arbeiten.

Im Schritt: Beschleunigen und verlangsamen durch Zupfen am Halfter, beides mit der Stimme loben. Beim Langsamerwerden aber zusätzlich nach wenigen Schritten anhalten und mit Leckerli belohnen.

Im Trab: Erst flott antraben und dann im Trab langsamer werden, belohnen, wenn das Pferd sich an mir orientiert und auch langsamer trabt. Fortgeschrittene traben an, verlangsamen, beschleunigen und verlangsamen wieder.

Wenn das Pferd auf die Signale der Hand reagiert, kann man auch zum Halt durchparieren und mit Leckerli belohnen. Es wird sich beim nächsten Mal an die Reihenfolge aus „Langsamer werden, Halten, Leckerli" erinnern. Wenn Sie den Eindruck haben, dass Ihr Pferd auch das noch nicht versteht, dann versuchen Sie es mal mit „Langsamer werden, Halten, Rückwärtsrichten, Leckerli". So betont man die Denk-Richtung „nach hinten". Sobald das Pferd das erste Mal auf den Impuls der Hand reagiert, sofort deutlich belohnen. Es muss dem Pferd wie immer eindeutig klar sein, was von ihm verlangt und was dementsprechend belohnt wird.

4.2.2 Beim Reiten

Klassisch arbeitet man natürlich unter dem Reiter an Takt und Durchlässigkeit, wobei man auch hier schon kleine Fortschritte belohnen muss. Die Hauptgangart für diese Arbeit ist zunächst der Trab.

Wichtig: Nur aus einem entspannten, ruhigen Schritt antraben. Der Hals des Pferdes ist tief, die Ohren nicht höher als der Sattel. Der Reiter atmet ruhig, die Verbindung zum Maul ist weich. Die Hilfe zum Antraben erfolgt durch Anlegen der Beine (nicht heftig werden!). Kein Schnalzen, mit der auffordernden Stimme gibt man das bekannte Kommando „Trab!" oder „Terrab!".

Wenn das Pferd bereits im Schritt nicht taktrein geht, verspannt ist und dann im Trab mit weggedrücktem Rücken und hochgerissenem Kopf losrennt, haben Sie leider schon verloren.

Also wieder zurück auf Los: zurück zum ruhigen Schritt. Nehmen Sie sich vor, nur eine ganz kurze Strecke, 20 Tritte, notfalls auch nur fünf, zu traben, dann anhalten und (mit Leckerli) belohnen. Das Pferd soll anfangen, „nach hinten" zu denken, und in Erwartung der Belohnung auf das Signal zum Anhalten warten. Wenn es das gelernt hat, können Sie die Einwirkung auf das Maul reduzieren und praktisch „mit dem kleinen Finger" reiten. Wunderschön, wenn es Ihnen gelingt, nur noch durch Einsitzen und Stimmkommando (und vielleicht einen klitzekleinen Impuls im Maul) und zuletzt nur durch das „Anhalten" (nicht mehr Mitschwingen) ihres Beckens zum Schritt und zum Anhalten durchparieren zu können.

Eine Geschichte dazu: Zwei Bekannte von mir hatten ihre beiden Pferde (Galopper und Traber) wie eben beschrieben konditioniert. Als die beiden Pferde mit ihren Reiterinnen im Gelände waren und im Galopp ungewollt immer schneller wurden, hatten die Reiterinnen eine gute Idee: Sie öffneten jeweils den Reißverschluss der Leckerli-Tasche an der Jacke. „Brrt!" – und die Pferde standen! So kann manchmal der Zweck die Mittel heiligen. Besser zuverlässig in Erwartung der Belohnung gestoppt als durch harte Einwirkung im Maul.

Aber zurück zum Trab: Wenn Ihr Pferd im Trab beschleunigt, dann durch kleine Impulse (Zupfen am Halfter bzw. Paraden am Zügel) das Pferd auffordern, Takt und Tempo einzuhalten. Wenn nötig, etwas deutlicher werden. Reagiert es und wird langsamer, dann sofort loben, anhalten – bevor es wieder beschleunigt – und belohnen. Die ganze Aktion muss kurz sein, also nicht erst eine ganze Weile am Maul herumziehen. Ganz wichtig dabei: Wenn Sie in der Bewegung loben, immer nur mit Stimme; nie die Hände vom Zügel nehmen, das stört bzw. unterbricht den Kontakt zum Maul.

Wenn das Pferd das Tempo bestimmt

Was aber tun, wenn das nicht funktioniert? Wenn das Pferd nach einigen Sekunden nicht reagiert, gibt es mehrere Möglichkeiten. Grundsätzlich aber gilt für das Langsamerwerden immer: **Die treibenden Hilfen zurücknehmen, sich tiefer und gerader in den Sattel setzen, ausatmen; beim Leichttraben deutlich einsitzen, das eigene Becken schwingt etwas gegen die Bewegung, die das Pferd vorgibt.**

Bei allen im Folgenden vorgestellten Methoden setzen Sie auch Ihre Stimme mit ein, wenn Sie langsamer werden wollen: „Schschsch" erinnert an das Schritt-Kommando und wirkt beruhigend. Das eigentliche Schrittkommando wird aber erst beim Schrittübergang wirklich ausgesprochen. Genauso beruhigend wirkt „Brrr", es erinnert an das Kommando zum Anhalten (Brrt!"), das Pferd wird langsamer, weil es das Kommando zum Anhalten erwartet.

Methode 1

Das Pferd ganz zum Schritt durchparieren, wieder antraben, noch weniger Trabtritte als vorher gehen lassen, durchparieren und belohnen.

Methode 2

Das Pferd immer gerade dann, wenn es ungewollt beschleunigen will, durchparieren, kurz Schritt gehen lassen, belohnen, wieder antraben. Achtung: Beim Antraben nicht der Versuchung erliegen, das Pferd über das Maul festzuhalten. Dennoch Kontakt halten. Ein kleiner Erinnerungsimpuls am Maul kann gegebenenfalls angebracht sein.

Methode 3

Das Pferd nach dem Durchparieren einige Schritte rückwärtsrichten (Pferdeohren nicht höher als der Widerrist!). Dass wölbt den Rücken auf und verlagert den Schwerpunkt nach hinten. Anhalten und belohnen. Beim fortgeschrittenen Pferd fördert man so die Versammlungsfähigkeit.

Methode 4
Das Pferd nach außen zur Bande stellen, wenn es wegrennen will, damit es die Wand ein wenig mehr im Blickfeld hat. Das bremst optisch. Manche Pferde werden in dieser Stellung von selbst langsamer und das Stellen verbessert die Anlehnung.

Methode 5
Reiten Sie Schulterherein bzw. Konter-Schulterherein. Beim Konter-Schulterherein ist der Pferdekopf zur Bande gestellt (vgl. Methode 4), dadurch geht das Pferd leichter gebogen vorwärts-seitwärts auf der geraden Linie. Diese Übung ist geeignet, Tempo in Tragkraftschulung zu wandeln, vorausgesetzt das Pferd hat bereits gelernt, die Hilfen für die Vorwärts-Seitwärts-Bewegung anzunehmen.

Methode 6
Viele Pferde kann man auch gewaltfrei vom Davonrennen kurieren, indem man sie Volten traben lässt, bis sie so langsam und ansprechbar sind, wie sie sein sollen. Gesteigertes Tempo auf engerer Biegung bedeutet große Anstrengung und viele Pferde führen anscheinend eine Art innere Liste über ihren Energieverbrauch – sie begreifen schnell, was zu anstrengender Extraarbeit führt.

Methode 7
Sie funktioniert nur bedingt bei sehr temperamentvollen und nicht ausgelasteten Pferden und ist nur etwas für geübte und sattelfeste Reiter: Man lässt das Pferd laufen und treibt sogar weiter, sobald es langsamer werden will, bis es sich im Tempo regulieren lässt und man es überzeugt hat, dass der Reiter bestimmt, wann es anhalten bzw. langsamer werden **darf**.
Nachteilig ist, dass es sich nicht um einen Lernvorgang handelt. Das Pferd könnte immer wieder sagen: Heute bin ich nicht ausgelastet, also renne ich erst einmal. In speziellen Fällen, in denen das Pferd versucht, sich durch Tempo und Davonrennen dem Reiter und seiner Einwirkung zu entziehen (Widerstand, Testen), kann diese Methode erfolgreich sein. Ebenso bei Pferden, die grundsätzlich nicht so gerne unter dem Reiter Leistung anbieten.

Methode 8

Gerade bei Pferden, die am Anfang ihrer Ausbildung stehen oder typbedingt gerne rennen, kann man auch mit einem Halsriemen arbeiten, der beim Reiten an der Halsbasis des Pferdes liegt. Man schult das Pferd, auf impulsartiges Anziehen des Halsriemens anzuhalten. Wenn das gut angenommen wird, können Sie im Trab den Halsriemen leicht anziehen. Loben, wenn das Pferd langsamer wird, weil es ans Anhalten denkt. Dann gleich wieder locker lassen, bevor Ihr Pferd zu langsam wird. Leichte Anlehnung halten. Die meisten Pferde reagieren sehr gut auf diese „Handbremse". Es ist eine gute Lernhilfe, die das Pferdemaul nicht belastet. Gerade wenn es noch an Ausbildung mangelt, reagieren Pferde auf Druck im Maul oft mit Davonrennen vor dem Schmerz. Deshalb ist es eben immer auch ratsam, bei jungen Pferden zum Durchparieren (z.B. vom Trab zum Schritt) alles, auch den Zügel, zu entspannen. Der Halsriemen wird jedoch durch seine Einwirkung auf die Halsbasis eindeutig als bremsend verstanden.

> *Wer schreit, hat Unrecht und wer die Ruhe verliert, hat schon verloren!*

Bei allen Methoden ist natürlich Konsequenz gefragt: Beim ersten ungewollten Beschleunigen nimmt man am Halfter, Zügel oder Halsgurt zart an. Gehorcht das Pferd nicht, wird man strenger, bis zum Durchparieren. Darauf mit fast loser Anlehnung wieder antraben und den Druck wirklich punktgenau bei Beginn der ungewollten Beschleunigung einsetzen. Es gibt Pferde, da muss der Druck am Zügel oder Halfter klar und unmissverständlich stark genau in dem Moment des ungewollten Beschleunigens den Drang zum Davonlaufen stoppen und unangenehm machen.

Danach aber immer wieder versuchen, ob nicht eine feinere, sich langsam steigernde Einwirkung schon ausreicht. Gleichzeitig geben Sie mit der Stimme Ihr Nein-Kommando – auch genau auf den Punkt – und loben, wenn das Pferd das gewünschte Verhalten auch nur ansatzweise zeigt. Sie bleiben – ich weiß, das ist manchmal schwer – innerlich völlig ruhig, auch wenn Ihr „Nein!" laut und heftig ist. Sie müssen überlegene Ruhe ausstrahlen und im Nu auf Lob umschalten können. Wer schreit, hat Unrecht und wer die Ruhe verliert, hat schon verloren! Nie grob werden, sich nie am Zügel festziehen.

Wenn Sie in dieser Lernphase immer mit zu fester Anlehnung antraben, haben Sie schnell ein Pferd geschult, dass beim Lockerlassen des Zügels zu rennen beginnt. Sie müssen dann immer fester halten, um das Tempo zurückzunehmen. Es lernt, je lockerer der Zügel, desto schneller soll und darf ich rennen. Tatsächlich funktionieren manche Rennpferde so. Ein solches „Programm" zu löschen kostet viel Zeit und Nerven.

4.3 Biegungen

Es ist grundfalsch, einfach am entsprechenden Zügel zu ziehen, um ein Pferd zu biegen. Es geht nicht darum, den Pferdekopf in eine Richtung zu ziehen. Es geht darum, – und das kann man nicht oft und deutlich genug sagen – die Wirbelsäule des Pferdes biegsam und beweglich zu machen. Das muss sozusagen von der Mitte der Wirbelsäule aus geschehen. Und diese Mitte liegt nicht im Genick und nicht im Hals, sondern unter dem Reitergewicht. Deshalb erfolgt die Biegung des Pferdes

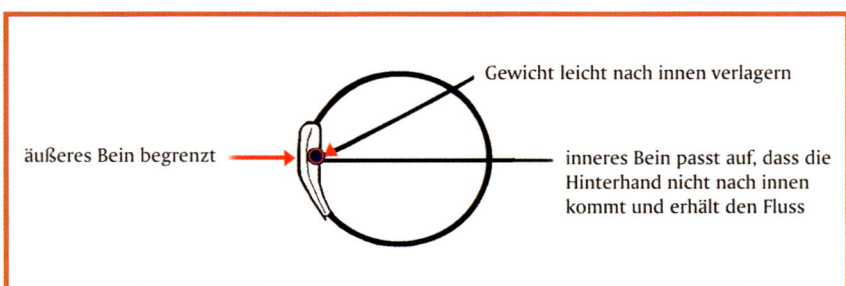

Abb. 49: Biegungen auf gebogenen Linien

über den Körper des Reiters. Er muss mit seinem Körper auf die Wirbelsäule und die Seiten des Pferdes einwirken, um es zu biegen. Zur Kontrolle empfiehlt es sich, die Ohren des Pferdes zu beobachten: Sind sie nicht auf gleicher Höhe, ist das ein Zeichen, dass sich das Pferd im Ge-

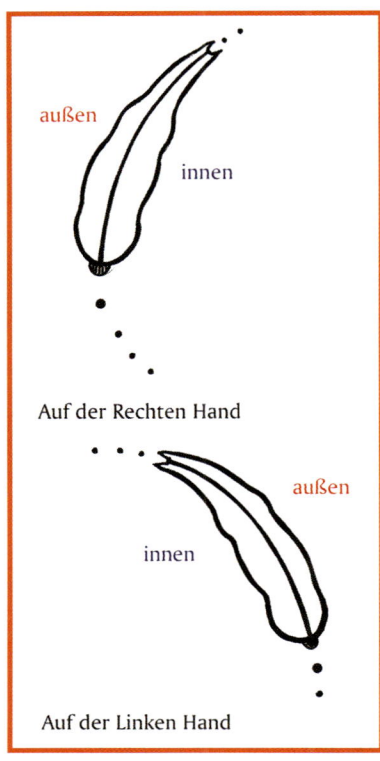

außen

innen

Auf der Rechten Hand

außen

innen

Auf der Linken Hand

Abb. 50: Hohle (innen) und gewölbte Seite (außen) in der Biegung

nick verwirft und die Biegung nicht um die Mitte des Pferdes läuft. Das Pferd ist steif auf der gebogenen Linie.

Der äußere Schenkel leitet die Biegung ein, bei gleichzeitiger leichter Gewichtsverlagerung nach innen. Der Reiter verlagert sein Gewicht leicht in die Bewegungsrichtung des Pferdes. Achtung: Nicht nach innen hängen oder in der Taille einknicken, dann drückt das Reitergewicht nach außen. Die Schultern des Reiters drehen mit der Schulter des Pferdes mit. Das äußere Bein (eine Handbreit verwahrend zurückgelegt) begrenzt das Ausmaß der Biegung, das innere Bein kontrolliert die Hinterhand, damit diese nicht nach innen ausweicht. So sitzt man automatisch auf dem inneren Gesäßknochen.

Der äußere Zügel erhält die Anlehnung, während die innere Hand stellt und nachgibt. Das Pferd darf sich nicht verkrampfen, sonst ist die Biegung wertlos.

Zu Beginn des Trainings reiten Sie große Biegungen, z.B. Achten durch die ganze Bahn oder große Zirkel. Anfangs im Schritt, dann im Trab und zuletzt im Galopp. Je höher die Gangart und je schneller das Tempo, umso schwerer ist es, das Pferd weich in der Anlehnung und konstant in der Biegung zu halten. Drückt das Pferd in der Biegung den Kopf hoch, Nein-Kommando geben, abbrechen und einen Gang runterschalten. Hat es im Galopp nicht funktioniert, erst noch einmal im Trab Anlehnung, Losgelassenheit und Durchlässigkeit herstellen. War der kleine Zirkel zu eng, den Übungszirkel wieder vergrößern und weiterüben. Nie etwas Falsches weiterüben oder mit Zwang versuchen, das Pferd zu „verbiegen"! Das führt zu nichts, außer zu Stress bei Pferd und Reiter. Daher kommt übrigens die alte Redensart „auf einem Fehler herumreiten".

130

Ein Pferd wird bereits gebogen, wenn man durch eine Ecke reitet. Die Biegung wird durch das In-Stellung-Reiten vorbereitet, indem der Kopf des Pferdes schon beim Geradeausreiten leicht nach innen oder nach außen (je nach dem, in welche Richtung man biegen möchte) gestellt wird. Lässt das Pferd willig die Stellung des Kopfes im Genick zu, kann man es auch biegen. Das Biegen des Pferdes funktioniert nie ohne Stellung im Genick. Umgekehrt kann man das Pferd aber im Genick stellen, ohne eine Biegung zu verlangen.

Beim Reiten benennen wir zur besseren Orientierung die Seiten des Pferdes mit „Innen" und „Außen", das gilt insbesondere für das Reiten in Biegung. „Innen" ist die hohle Seite des gebogenen Pferdes, oft zugleich die zum Mittelpunkt der Bahn liegende (außer bei Konterstellung/-biegung), „außen" bezeichnet die gewölbte Seite des gebogenen Pferdes, die oft zur Wand gerichtet ist.
Beispiel: Die rechte Seite des Pferdes ist innen (und die hohle), wenn Sie auf der rechten Hand (rechts herum) Wendungen wie Zirkel oder Volten reiten. Die linke Seite des Pferdes ist dann außen (und die gewölbte) und wird gedehnt.
Alle Figuren wie Zirkel, Volten, Schlangenlinien, Achten usw. bestehen aus gebogenen Linien, die man mit dem entsprechend gebogenen Pferd reitet. Daher trainieren diese Figuren die Muskulatur und damit die Beweglichkeit der Wirbelsäule des Pferdes und sind wichtig für das Geraderichten.

Seitengänge sind eine andere Form der Biegung, denn sie werden in der Regel mit dem gebogenen Pferd geradeaus (seltener auf der gebogenen Linie) geritten, als Vorwärts-Seitwärts-Bewegung. Die Biegung des Pferdes ist die gleiche wie in der Volte, aber die Bewegungsrichtung ist eine andere (geradeaus).

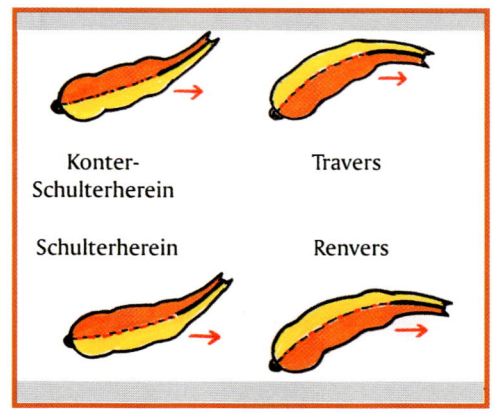

Abb. 51: Die Seitengänge: Der Pferdekörper soll gleichmäßig gebogen sein.

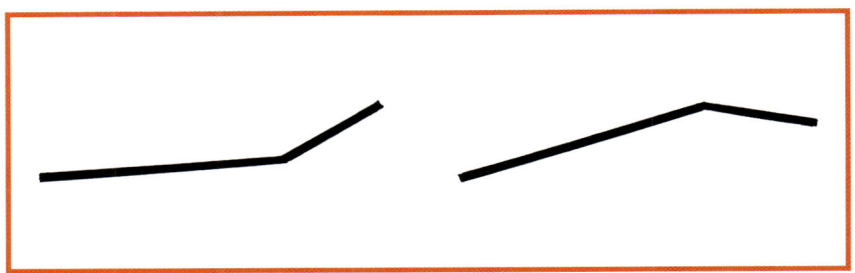

Abb. 52: Ein starkes Abknicken an der Halsbasis führt zum Weglaufen über die Schulter, es entsteht keine korrekte Biegung und kein gymnastizierender Effekt.

Es gibt zwei Grundformen der Seitengänge: das Schulterherein und den Travers. Schulterherein bedeutet, dass die Schultern des Pferdes von der Bande weg zur Bahnmitte geführt werden und das Pferd sich dabei „in der Rippe" biegt; beim Travers wird die Hinterhand des Pferdes zur Bahnmitte hereingeführt. Wenn man diese Biegung zur anderen Hand hinüber reitet, sodass der hereingeführte Teil des Pferdes nicht zur Bahnmitte hin gerichtet ist, sondern zur Bande, dann wird aus Schulterherein Konter-Schulterherein und aus Travers Renvers. Travers und Renvers sind also keine verschiedenen Lektionen, man unterscheidet nur sprachlich: Kruppe zur Mitte (herein) = Travers, Kruppe zur Bande (heraus) = Renvers; Schulter zur Mitte = Schulterherein, Schulter zur Bande = Konter-Schulterherein. Die Biegung des Pferdes muss natürlich auch hier gleichmäßig sein, kein Abknicken im Hals bei gerader Brustwirbelsäule.

Der Sinn dieser Übungen besteht darin, dass das innere Hinterbein durch die Biegung vermehrt unter den Schwerpunkt des Pferdes tritt und Last aufnimmt (Voraussetzung für Versammlung und Aufrichtung). Außerdem wird die Brustwirbelsäule gymnastiziert, d.h. beweglich und gelenkig gemacht. Daher sollte der Winkel zur Bande auch nicht steiler als 45 Grad sein, sonst tritt das Hinterbein am Schwerpunkt vorbei und das Pferd nurmehr mit geradem Rumpf seitwärts. Dann wird aus der gymnastizierenden Lektion eine reine Gehorsamsübung (seitwärts weichen).

4.4 Reiterhand und Sitz

Das feine Zusammenspiel zwischen Sitz-, Schenkel- und Zügelhilfen ist maßgeblich für das Formen des Pferdes und den Aufbau des so genannten Spannungsbogens.
Um in den Gangarten korrekt unter den Schwerpunkt fußen zu können und den Reiter mit aufgewölbtem Rücken korrekt tragen zu können, ist ein gewisses Maß an Grundspannung im Pferd notwendig.

4.4.1 Der Spannungsbogen

Es gibt zwei wichtige Kräfte, die auf die Bewegung des Pferdes einwirken.
Die eine Kraft wirkt von vorne nach hinten und begrenzt die Vorwärtsbewegung. Sie kann durch ein Hindernis, z.B. eine Mauer, bestimmt oder verstärkt werden, durch ein Stimmkommando (bei entsprechendem Training) oder durch Druck auf das Gebiss.
Die zweite Kraft wirkt von hinten nach vorne, also vorwärts treibend, und bestimmt die Vorwärtsbewegung des Pferdes. Diese Kraft entsteht durch den Wunsch des Pferdes vorwärts zu laufen. Sie kann durch den Menschen, mittels rhythmischer Impulse seines Körpers, durch Kommandos und bei faulen Pferden auch mal durch einen Klaps mit der Gerte beeinflusst werden. Schläge und grobe Sporenstiche sind natürlich fehl am Platz und zeugen von Unvermögen und Hilflosigkeit.
Gleich, ob Ihr Ziel „nur" eine gewisse Kontrolle über das Pferd ist, oder ob Sie in der hohen Kunst der Dressur mit ihm verschmelzen möchten, beides funktioniert nur mithilfe der positiven Spannung, die der Reiter mit seinen Hilfen im Pferd erzeugt, wenn er beide Kräfte im richtigen Verhältnis zueinander aktiviert. Dieses aktivieren der beiden Kräfte im richtigen Verhältnis zueinander nennt man den Spannungsbogen herstellen.
Nur wenn das Verhältnis stimmt, kann das Pferd unter dem Reiter weich und geschmeidig laufen, können Durchlässigkeit und später Versammlung erreicht werden.

Der Spannungsbogen ist richtig, wenn das Pferd den Rücken aufwölbt, die Bauchmuskulatur anspannt und schwingt. Das Pferd wirkt „rund" und kraftvoll.

Aktiviert ein Reiter beide Kräfte, die begrenzende Kraft und die treibende Kraft gleich stark, müsste das Pferd eigentlich steigen. Stellen Sie sich bildlich vor, was passiert, wenn der Bogen von beiden Seiten immer mehr zusammengedrückt wird. Es entsteht eine übermäßige Spannung und Energie im Pferd, die es weder durch die Vorwärtsbewegung noch durch ein Rückwärtstreten entladen kann. Es bleibt nur der Weg nach oben: das Pferd steigt.

Es geht also um das richtige Verhältnis dieser Kräfte zueinander, die bewirken, ob und wie das Pferd sich vorwärts(-aufwärts) bewegt. Ist der Druck von hinten zu stark, dann geht das Pferd "über den Zügel" oder „durch ihn hindurch". Dann wird es entsprechend seines Grundtaktes zu eilig und rennt dem Reiter bei festgehaltenem oder weggedrücktem Rücken davon.

Abb. 53: Wenn der Reiter von hinten treibt und diese Kraft vorne sanft wieder auffängt, entsteht im Körper des Pferdes ein positiver Spannungsbogen.

Das passiert zum Beispiel, wenn ein Pferd nicht gelernt hat, die begrenzende Zügeleinwirkung des Reiters zu verstehen, wenn es halbe Paraden nicht akzeptiert und den Druck im Maul nicht als Begrenzung annimmt. Aber auch, wenn das Pferd aus Angst vor dem Druck im Maul mit dem Kopf nach oben ausweicht, anstatt sich vertrauensvoll an die Hand zu dehnen, um an der „Grenze" die treibende Energie nach oben in die Rückenwölbung und später in die Aufrichtung umzuleiten.

Der Fehler kann aber auch beim Reiter liegen, der bei treibender Einwirkung aus Mangel an Erfahrung mit Zügel- und Sitzeinwirkung die auffangende/aufnehmende Kraft nicht richtig beherrscht. Leider sieht man das häufig, vor allem bei Anfängern und bei verrittenen Pferden. Lässt der Reiter aber die treibende Kraft dann einfach ganz weg, erreicht er auch keine Versammlung und keinen Spannungsbogen: das Pferd „fällt auseinander".

Der Reiter muss also lernen, die beiden Kräfte richtig zu dosieren und der treibenden Kraft eine begrenzende, die dem Pferd die Anlehnung anbietet, entgegenzusetzen. Das Pferd muss lernen, das Treiben so anzunehmen, dass es die Hinterhand zwar aktiviert, aber nicht hektisch und übereilt davonrennt, sondern sich an die begrenzende Hilfe anlehnt.

Fehler bemerkt man schnell, da sich Pferde mit weggedrücktem Rücken verspannen und nicht gut sitzen lassen.

Das Pferd soll durch das Treiben nicht schneller werden, sondern bei gleich bleibendem Takt die Tritte vergrößern, die Hinterhand soll aktiver vorfußen und weiter nach vorne schwingen.

Abb. 54: Es entsteht kein Spannungsbogen, wenn nur eine Kraft wirkt. Das Pferd wird entweder vorne zu sehr begrenzt und schlurft träge mit den Hinterfüßen durch den Sand oder es schiebt nur von hinten, ohne das die Kraft vorne aufgefangen wird.

Zuviel treibende Power bei zu wenig begrenzender Kraft führen dazu, dass das Pferd den Rücken wegdrückt, über den Zügel geht oder bei viel zu hohem Tempo davonstürmt. Also, vorsichtig steigern und auf den gleichmäßigen Takt achten! Hilfreich ist es, wenn das Pferd trainiert wurde, „nach hinten zu denken", d.h. konzentriert auf die Reiterhilfen zu warten und immer mit einer Parade rechnet (vgl. S. 125). Schulen Sie diese Erwartungshaltung des Pferdes sorgfältig, sie wird Ihnen oft nützlich sein!

Wir begrenzen das Pferd mit den sogenannten „Halben Paraden", einer aufnehmenden Hilfe durch vermehrten Zügeldruck im Pferdemaul, der immer wieder ein Nachgeben, ein Verringern des Zügeldrucks folgen muss. Ich nenne das den Unterschied zwischen Kontaktspannung und auffordernder Zügelspannung. In der Kontaktspannung kann so weit nachgegeben werden, bis ich gerade noch Kontakt zum Maul habe, aber sonst nur noch das Eigengewicht des Zügels in der Hand spüre. Am Maul übe ich dann keinen Druck mehr aus.

Das Reiten nach vorwärts-abwärts erzeugt ebenso einen Spannungsbogen wie das Reiten in Versammlung, aber es handelt sich um zwei verschieden stark gespannte Bögen.
Als Reiter müssen Sie die beiden Kräfte so fein abgestimmt „bedienen", dass das Pferd diese Einwirkungen nicht als Störung seines Gleichgewichts und Rhythmus' erlebt.
Also erst einfühlen, den vom Pferd vorgegebenen Rhythmus erspüren und aufnehmen, dann erst versuchen ihn zu beeinflussen oder zu verändern.
Schritt, Trab und Galopp haben jeweils ihr eigenes Kräfteverhältnis und ihren eigenen Spannungsbogen. Das macht das Einfühlen leider nicht gerade einfach. Manchmal hilft es, für ein paar Tritte die Augen zu schließen, um besser zu spüren.
Wenn ich nun nach ausreichender Vorbereitung meines Pferdes (Schritt am langen bzw. hingegebenen Zügel, Reiten nach vorwärts-abwärts; vgl. S. 151ff.) beginne, das Pferd durch Zügeleinwirkung und halbe Pa-

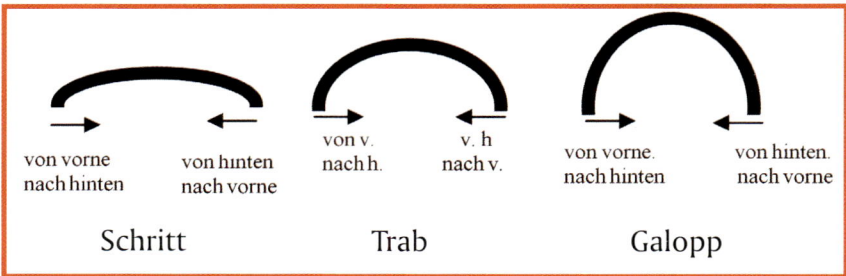

Abb. 55: Drei Gangarten, drei verschiedene Spannungsbögen.

raden aufzunehmen, muss ich immer (wirklich immer!) das Verhältnis der beiden Kräfte zueinander beachten. Das geringste Aufnehmen des Zügels wirkt bremsend bis zur Hinterhand, wenn ich nicht vorher oder gleichzeitig von hinten die entsprechenden Impulse zur Vorwärtsbewegung gebe. Die Redensart: „Das Pferd von hinten nach vorne reiten", bezeichnet genau das. Diese treibenden Impulse kann ich mit meinem Gewicht bzw. meinen Schenkeln geben. Gewicht, Schenkel und Hand arbeiten auf diese Weise immer zusammen und erhalten Spannungsbogen und Takt.

Ich kann den Druck von hinten verstärken, indem ich meine Hüfte stärker (mit)schwingen lasse, während ich das Pferd mit der Hand aufnehme (aber keine ruckartigen Bewegungen!). Dabei fange ich die Bewegung leicht und weich mit der Hand auf und gebe sofort wieder nach, damit der nächste Tritt gut durchschwingen kann. So erhalte ich den gewünschten Spannungsbogen. Die Reiterhand darf die Arbeit der Hinterhand nicht stören und den Bewegungsablauf nicht ins Stocken bringen. Sie muss fein und schmerzfrei für das Pferd einwirken. Das Pferd sollte bereits durch die Bodenarbeit so weit ausgebildet sein, dass es die sanfte Einwirkung im Maul annimmt und dem Druck des Zügels nach unten nachgibt.

Auch das Akzeptieren der begrenzenden Einwirkung wird bei der Bodenarbeit vorbereitet (durch Impulse am Halfter, Reagieren auf die Zügelhilfen, Kontrolle der Haltung des Pferdes an der Hand und an der Longe durch den Ausbilder). Den Spannungsbogen beim Reiten kann ich im Stand vorbereiten, wenn das Pferd die Anlehnung an das Gebiss annimmt und geschlossen steht. Vom Schritt, über den Trab bis zum Galopp wird der Bogen immer stärker gespannt, d.h. die nötige positive Grundspannung erhöht sich. Die Schenkel des Reiters liegen begleitend am Pferd und treiben nur dann, wenn es nötig ist (nicht klopfen!).

Je nach Gangart und Lektion unterscheidet sich das Verhältnis der treibenden zur auffangenden Kraft und auch von Pferd zu Pferd gibt es individuelle Unterschiede, allein durch den Grad der Ausbildung. Dieser zeigt sich in dem Maß, wie sich das Pferd löst, den Rücken aufgewölbt und locker schwingt. Diese Unterschiede werden Sie mit wachsender Erfahrung und Übung spüren. Geduld und Einfühlungsvermögen sind gefragt.

Mit Hilfe dieser beiden Kräfte und des daraus resultierenden Spannungsbogens reiten Sie ihr Pferd zuerst in die Dehnungshaltung, später wird es Ihnen gelingen, Ihr Pferd immer mehr zu versammeln und aufzurichten. Je weiter ein Pferd ausgebildet ist, umso stärker kann der Reiter mit seinen feinen Hilfen den Bogen spannen und so genau dosieren, dass anspruchsvolle Dressurlektionen wie Piaffe, Passage usw. möglich werden. Geben Sie sich und Ihrem Pferd Zeit und üben Sie sich in Geduld. Manchmal ist es wichtiger, sich eine Zeit lang nur dem Spüren und der Grundlagenarbeit zu widmen und Lektionen hinten anzustellen.

Stimmt das Verhältnis zwischen den beiden Kräften nicht, dann beschleunigt das Pferd vielleicht lediglich, anstatt die Hinterhand mehr unterzusetzen und so vermehrt Last mit der Hinterhand aufzunehmen, oder es "fällt auseinander" (der Spannungsbogen geht verloren). Die Hinterhand muss also aktiv sein.

Aber Achtung: Ständiges gleich bleibendes Treiben stumpft ab. Zum Aktivieren der Hinterhand benutzen Sie Ihr mitschwingendes Becken und die Schenkel.

Die treibenden Hilfen lassen sofort nach, wenn das Pferd sie angenommen hat. Wenn alles stimmt, stört der Reiter das Pferd so wenig wie möglich und geht nur weich in der Bewegung mit.

4.4.2 Der Sitz

Ein zügelunabhängiger Sitz, der im Gleichgewicht ist (ausbalanciert) und geschmeidig mitschwingt, ist natürlich eine wichtige Voraussetzung, weil nur so die Reiterhand weich mit der Bewegung des Pferdes mitgehen kann und nicht unkontrolliert am Gebiss einwirkt.

Die leichte Vorlage des Oberkörpers reduziert die Einwirkung auf den Rücken des Pferdes, was man bei rückenempfindlichen oder -schwachen Pferden bzw. bei jungen Pferden gezielt nutzen kann (deswegen der so genannte *Remontesitz*). Eine ganz leichte, fast nicht sichtbare Vorlage des Oberkörpers gibt dem Pferd das Gefühl, mit freiem Rücken vorwärts gehen zu dürfen, auch bei beginnender Versammlung.

Eine noch ausgeprägtere Oberkörpervorlage bezeichnet man als *Leichten Sitz*, wobei der Reiter sein Gewicht auf Oberschenkel, Knie und Fuß verlagert und mit dem Gesäß den Sattel (fast) nicht mehr berührt (beim Jagdgalopp, Springen, und lösenden Reiten zum verstärkten Rückenaufwölben).

Dennoch bleibt der Reiter mit seinem Gewicht über dem Schwerpunkt des Pferdes und schiebt das Gesäß etwas nach hinten. Im Leichten Sitz zu reiten, bedeutet nicht einfach „nach vorne zu kippen".

Spaltsitz nennt man den fehlerhaften Sitz, bei dem der Reiter beim Einsitzen nicht auf seinen Gesäßknochen ruht, sondern mit steifem Kreuz, meist mit einem Hohlkreuz verbunden, nach vorne kippt. Meist rutschen dabei die Beine zu weit nach hinten. Von Sitzen kann man da eigentlich gar nicht mehr reden, es ist eher ein Stehen. Und weil er nicht im Sattel sitzt, kann der Reiter mit seinem Gewicht auch nicht korrekt aufs Pferd einwirken.

Der so genannte *Stuhlsitz* ist ebenso fehlerhaft. Der Reiter sitzt mit dem Oberkörper hinter der Senkrechten, meist mit rundem Rücken, hochgezogenen Knien und nach vorn geschobenen Unterschenkeln. Von der Seite betrachtet sieht es aus, als ob er auf einem Stuhl sitzt. Er hängt dem Pferd schwer in der Lende und ist ständig hinter der Bewegung. Diese Fehler sind leider auch bei fortgeschrittenen Reitern weit verbreitet. Sie sind nicht selten das Ergebnis falsch verstandener Sitzideale (überstrecktes Bein durch zu lange Bügel, treibender „Schiebesitz") oder zivilisationsbedingter Haltungsschwächen.

Der Reiter verliert jede Einwirkung auf den gemeinsamen Schwerpunkt, bringt das Pferd aus dem Gleichgewicht, das Treiben mit der Wade findet nicht an der Stelle am Pferdebauch statt, wo es reflexartig die Hinterhand aktivieren kann, oder der Schenkel kommt gar nicht ans Pferd.

Der geeignete Sitz ist auch abhängig von der Lektion, die ich reite, vom Ausbildungsstand des Pferdes und von seiner Rückentätigkeit. Das Pferd „lässt" den Reiter dann im Vollsitz tief „sitzen", wenn es in seiner Ausbildung entsprechend weit fortgeschritten ist, d.h. wenn es im Rücken stark genug ist, den Rücken aufwölbt und losgelassen schwingen kann.

Solange sollte der Sitz das Pferd in seiner Bewegung nicht stören oder beim Aufwölben des Rückens behindern.

Beim Lösen und Anreiten wähle ich den Leichten Sitz, bei Tempoübergängen sitze ich in einer leichten Vorlage (Remontesitz); mit zunehmender Versammlung richte ich mich im Oberkörper immer mehr auf, bis ich völlig gerade sitze. Bei diesem Sitz lässt sich eine gedachte senkrechte Linie vom Ohr des Reiters über seinen Ellenbogen und die Hüfte bis hin zur Ferse ziehen (diese Abbildung finden Sie in jedem Reitlehrbuch).

Der Sitz des Reiters richtet sich also immer mehr auf, je höher der Versammlungsgrad des Pferdes ist, weil mit zunehmender Versammlung und Hankenbeugung (die Hinterbeine übernehmen mehr Gewicht, das Pferd wird vorne leichter) der gemeinsame Schwerpunkt leicht zurückverlegt wird. Das Pferd „setzt" sich auf die Hanken. Manche behaupten, dass der ganz gerade Sitz sogar erst in der Piaffe erreicht wird.

Es gibt beim Reiten zwei Hauptziele: Erstens, das Pferd in Dehnungshaltung zu lösen, und zweitens, das Pferd dann schrittweise zu versammeln, um eine Gewichtsverlagerung nach hinten durch die Beugung der Hanken bei Aufrichtung des Halses zu erreichen. Dorthin kommt man auf verschiedenen Wegen.

Je nachdem, für welchen Zweck die Pferde ausgebildet wurden, entwickelten sich verschiedene Reitweisen. In der Dehnungshaltung kann das Pferd längere Zeit ohne große Ermüdung laufen, vergleichbar mit einem Jogger, der stundenlang durch den Wald läuft.

Um jedoch den Reiter im Kampf oder im Stierkampf zu tragen, waren eine höhere Wendigkeit auf der Hinterhand beim Pferd und eine differenziertere Verständigung sowie Harmonie zwischen Pferd und Reiter erforderlich. Aus der „Arbeitsreitwiese" der Ritter und Stierkämpfer entwickelten sich die Reitkunst und die Hohe Schule auf und über der Erde. Darin gleichen Pferd und Reiter zwei Tanzpartnern, die Tango tanzen möchten.

Jogging über lange Strecken und Tango tanzen, beides hat seine Reize. Eine Basisverständigung und Grundgymnastizierung ist jedoch in beiden Fällen notwendig. Je feiner die Verständigung wird, umso größer ist die Harmonie.

Die Dehnungshaltung ist die Basis für das Dressurreiten, denn wenn die Muskulatur nicht aufgewärmt, gedehnt und gekräftigt ist, kommt es zu Gesundheitsschäden. Wir schulden es dem Lebewesen Pferd, es so zu reiten, dass es gesund und motiviert bleibt und gerne mit uns läuft oder „tanzt".

Die Dehnungshaltung erreicht man dadurch, dass der Zügel so lang gehalten wird, dass das Pferd den Hals vorwärts-abwärts dehnen kann. Dabei wird der Rücken entlastet, sodass das Pferd möglichst wenig Druck auf den Muskeln des Rückens spürt und sie sich frei bewegen können. Soweit sind sich alle einig.

Nur über die Frage, wie man das erreicht, sind sich die verschiedenen „Schulen" der Reiterei nicht so einig. Manche empfehlen das Leichttraben, andere den Entlastungssitz oder den Leichten Sitz. Den Bügel kürzer zu schnallen, ist meist nicht notwendig, außer man möchte springen.

Will man vermeiden, dass die Ferse hochgezogen wird, kann man natürlich den Bügel ein Loch kürzer schnallen. Mir persönlich ist das jedoch zu umständlich, da ich meinen Sitz ständig variiere und anpasse und nicht ständig zwischendurch den Bügel kürzen oder verlängern möchte.

Auch über die Einwirkung der Hand ist man sich nicht einig: Die einen nehmen die Hand hoch, um auf diese Weise den Unterkiefer „zu lockern" (das Pferd zum Nachgeben und Kauen aufzufordern). Das löst bei den meisten Pferden einen Reflex aus (bei gleichzeitiger Aktivierung der Bauchmuskeln: effet d'ensemble), der den Hals rundet und mit dem Sinkenlassen der Hand ins Vorwärts-abwärts mündet.

Andere lassen die Hand am oder über dem Widerrist stehen und verlängern nur die Zügel.

Wieder andere führen die Hände weiter auseinander und halten sie tiefer, neben bzw. unterhalb des Widerrists. Vermutlich haben alle ein bisschen Recht und es kommt aufs Pferd an, welche Methode am besten funktioniert.

Probieren Sie's aus, vielleicht ist es sogar auch hier sinnvoll, ab und zu Abwechslung reinzubringen, denn nichts stumpft so sehr ab wie Monotonie.

Natürlich spielt es auch eine Rolle, mit welchem Gebiss Sie reiten. Je schärfer das Gebiss, desto behutsamer und weicher muss die Reiterhand sein, aber ein Grobian oder ein Anfänger kann auch mit einem dicken Gebiss unschön im Pferdemaul herumzerren.

Ich habe die Erfahrung gemacht, dass Pferd und Reiter am schnellsten die Dehnungshaltung erlernen, wenn die Hände tendenziell breit und tief geführt werden und man mit dem Sitz je nach Pferd leicht entlastet (Remontesitz) oder in den Leichten Sitz geht. Es ist jedoch von Pferd zu Pferd verschieden, wie weit und tief man die Hände halten muss, um den gewünschten Effekt zu erzielen.
Bei einem gut ausgebildeten Pferd bleibt die Hand fast an der normalen Stelle über dem Widerrist und die Zügellänge weist dem Pferd den Weg in die Dehnungshaltung. Um die Zügel nicht nachfassen zu müssen, führt der Reiter nur dann die Hände kurzfristig breiter, wenn er kurz Verbindung zum Maul aufnimmt oder wenn er einen auffordernden Impuls im Maul geben will (Druck im Maul heißt für ein ausgebildetes Pferd: nachgeben in die Richtung vorwärts-abwärts). Ich verstehe meinen Vorschlag nicht als starres System. Vielmehr versuche ich einen Weg zu beschreiben, der durchaus individuelle Varianten ermöglicht, so lange das Ziel eindeutig ist: ein sich vorwärts-abwärts in den Zügel/ an die Hand dehnendes, mit aufgewölbtem und schwingendem Rücken laufendes Pferd.

4.4.3 Die Handeinwirkung

Wenn ich über die Wirkung der Hände spreche, muss ich nochmals betonen, dass der häufigste Fehler ein Zuviel an Handeinwirkung bei einem Zuwenig an treibender Kraft ist. Das führt nicht zu einem versammelten Pferd, sondern zu einem zusammengezogenen, nur Versammlung vorgebenden Pferd, das mit steifem und angespanntem Rücken auf der Vorhand läuft. Nur, wenn das Genick der höchste Punkt des Pferdehalses und die Verbindung zwischen Pferdemaul und Reiterhand zart und weich ist, kann es zur Versammlung kommen. Gewalt ist immer der falsche Weg.

Die Einwirkung der Hand muss sehr variabel sein, sie wirkt in Sekundenbruchteilen ein und gibt wieder nach.

Selbst wenn man es von außen nicht sieht, ist da ein ständig fließender Dialog zwischen den beiden Kräften, die den Spannungsbogen bilden. Ein Wechselspiel zwischen dem Annehmen und Nachgeben der Hand und der aktivierenden Sitz- und Wadeneinwirkung.

Da das Pferdemaul sehr empfindlich ist (unsere Vorfahren, die das Reiten mit Gebiss erfanden, wussten, an welchem Punkt sie ansetzen mussten, um ein körperlich wesentlich stärkeres Tier kontrollieren zu können), ist auch eine leichte und mitfühlende Hand in der Lage, die Kraft der aktivierten Hinterhand aufzufangen.

Wenn Pferde ein „hartes" Maul haben, bedeutet das lediglich, dass sie sich daran gewöhnt haben, mit zu viel schmerzhaftem Druck im Maul geritten zu werden. Sie wissen nicht, was sie tun können, um Druckentlastung zu erreichen, und reagieren einfach nicht mehr.

Bitte beherzigen Sie immer den Grundsatz: So fein wie möglich, so stark wie nötig und dann gleich wieder so fein wie möglich. So setzen Sie sich durch, ohne das Pferd abzustumpfen.

Das Maul eines Pferdes kann „hart" werden, wenn sich das Pferd mit einem gewissen Schmerz arrangieren musste. Das Maul ist nicht wirklich hart (es hat keine Hornhaut bekommen), sondern es erscheint dem Reiter so, weil das Pferd den Schmerz inzwischen ohne Reaktion erduldet.

> *So fein wie möglich, so stark wie nötig und dann gleich wieder so fein wie möglich.*

Wenn das passiert ist, fehlt in Ihrer Kommunikation ein wichtiger Kanal. Um ein hartes Maul zu „heilen", muss man eine gewisse Zeit gebisslos reiten und danach ganz behutsam wieder von vorne anfangen das Pferd auf Trense auszubilden, wie ein junges Pferd. Es muss neu lernen, das Gebiss anzunehmen und auf die feinen Zügelhilfen richtig zu reagieren. Natürlich funktioniert das nur, wenn auch der Reiter dazugelernt hat, sonst ist schnell alles wieder beim Alten.

Ein Pferd soll lernen, dass das der Druck im Maul nur eine Aufforderung des Reiters ist, im Genick und Maul nachzugeben, und Kopf und Hals zu senken. Das kann das Pferd aber nur lernen, wenn der Reiter nach dem Annehmen sofort wieder nachgibt, sodass es dem „fallenden" Gebiss nur nach unten zu folgen braucht. Beim jungen Pferd oder beim Nachschulen (Korrektur) kann man das auch mit den entsprechenden Übungen der Bodenarbeit unterstützen. Vergessen Sie die Vorstellung, Sie könnten Ihr Pferd durch Ziehen zum Nachgeben bringen. Sie wollen ein Pferd, das „sich selbst trägt", deshalb müssen Sie verhindern, dass sich Ihr Pferd auf den Zügel stützt oder gegen die Hand geht.

Beim Reiten probiere ich also erst mal vorsichtig, wie viel Zügelspannung nötig ist, um das Pferd zum Nachgeben zu bewegen (Maul öffnen, kauen, Zunge bewegen, Kopf und Hals senken). Diese Zügelspannung, dieser Zügeldruck, ist von Pferd zu Pferd unterschiedlich und kann sich auch im Verlauf der Arbeitsstunde und im Laufe der Ausbildung verändern. Wenn das Pferd begriffen hat, dass ihm nicht weh getan wird, dass der Reiter geduldig das Nachgeben des Pferdes abwartet und der Druck immer wieder aufgelöst wird (spätestens nach drei Sekunden), dann kann der Impuls, der das Pferd auffordert, immer feiner werden. Immer wieder einfühlsam mit leichtem Druck anfangen, auch wenn Sie vorher mal etwas mehr Druck ausüben mussten. Nie ziehen oder grob rucken!

> *Immer wieder einfühlsam mit leichtem Druck anfangen, auch wenn Sie vorher mal etwas mehr Druck ausüben mussten.*

Wenn das Pferd „stockig" geht, die Bewegung an Fluss verliert, dann bedeutet das: Der Druck im Maul ist zu stark und die treibende Kraft von hinten zu schwach. Sofort vorne mehr nachgeben, gegebenenfalls locker werden und die treibenden Hilfen von hinten verstärken.

Der auffordernde Impuls am Zügel besteht aus Annehmen und Nachgeben. Mit dem Nachgeben stelle ich die Kontaktspannung her, das ist eine weiche, glatte und gerade Zügelverbindung. Der vielfach beschriebene seidene Faden.

Aber auch diese Kontaktspannung ist dynamisch, d.h. beweglich: Der Reiter muss verhindern, dass das Pferd sich auf den Zügel legt, sich darauf stützt. In diesem Fall die Kontaktspannung sofort einige Zentimeter nachlassen, damit das Pferd die Stütze verliert. Es soll seinen

Kopf und Hals selbst, in der durch die Zügellänge vorgegebenen Haltung bei weicher Verbindung tragen (Selbsthaltung). Dabei nach dem Nachgeben möglichst schnell und weich den Kontakt halten bzw. wieder herstellen.

Will das Pferd den Kopf hoch nehmen, wird es von der Hand begrenzt: Das ist der aushaltende Druck bzw. die aushaltende Hand oder auch die auffordernde Zügelhilfe.

Aber nicht nach hinten ziehen!

Die Aufgabe der Hand ist es, nachzugeben und auszuhalten. Nachgeben heißt, bis zur Kontaktspannung den Druck nachzulassen. Diese kann so fein werden, dass man die Zügel glatt auf die geöffneten Hände legen könnte. In der Hand spürt man nur noch das Eigengewicht des Zügels. Ein leicht durchhängender Zügel mit Kontakt zum Maul ist nur bei relativer Selbsthaltung des Pferdes denkbar. Sonst haben Sie entweder gar keine Verbindung oder eine plötzliche, harte ruckelnde Einwirkung im Maul, was das Pferd (ver)stört. Wenn der Zügel „schlägt", kündigen Pferde meist ihre Bereitschaft, den Zügel als Verbindung anzunehmen. Wir tendieren ja auch dazu, eine telefonische Verbindung aufzugeben, wenn es aus der Leitung schreit.

4.4.4 Aushalten und Nachgeben

Durch das Aushalten und Nachgeben führen wir einerseits das Pferd in das Vorwärts-Abwärts, andererseits runden wir bei treibender Kraft von hinten und aufrechtem Sitz damit den Hals beim versammelnden Reiten.

Wenn die Nase des Pferdes in Position 1 oder 2 ist, hält die Hand mit einer leichten, auffordernden Spannung aus. Druck ist schon vorhanden, wenn ich eine Zügellänge wähle, die Position 2 oder 3 anstrebt und gleichzeitig von hinten treibe.

Ich halte die Hand aus – nicht nach hinten ziehen –, damit ich sofort Druckentlastung habe, wenn das Pferd nachgibt. Diesen Druck nenne ich die auffordernde Spannung. Sie darf etwas stärker sein als die Kontaktspannung, die so fein wie möglich sein soll.

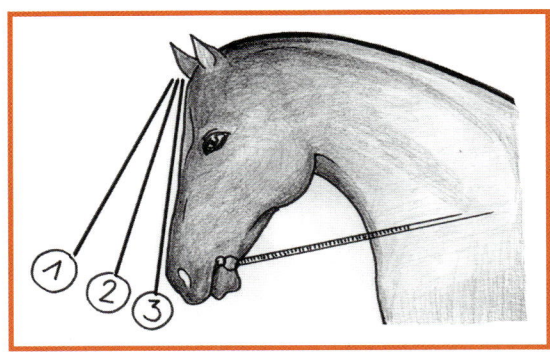

Abb. 56: Anlehnung in drei verschiedenen Positionen. Immer bleibt die Nasen-Stirn-Linie vor der Senkrechten.

Gleichzeitig verstärke ich die Kraft von hinten durch verstärktes Mitschwingen meines Beckens und gefühlvolles Schließen der Schenkel. Und das alles innerhalb von Sekunden! Ein Tipp: Erst Schenkeldruck verstärken, stärker einsitzen (mitschwingen!), damit lenken Sie die Aufmerksamkeit Ihres Pferdes „nach hinten", auf die Hinterhand. Erst dann Druck im Zügelkontakt aufbauen. Das gut geschulte Pferd weiß sofort, was gewünscht ist. Lassen Sie Ihr Pferd die genaue Kopfposition zwischen 2 und 3 selbst suchen und finden.

Feinstes Auffordern sollte genügen, sonst das Pferd in Ruhe lassen! Es findet seine Selbsthaltung und es ist sichergestellt, dass keine störenden oder falschen Informationen an das Pferdemaul gegeben werden. Ein Pferd, dem in dieser Position (nahe 3) schmerzhafte oder strafende Einwirkungen zugefügt werden, verliert das Vertrauen in die Hand und das Gebiss. Der Schmerz überdeckt jede weitere Information, wann die Kopf-Hals-Haltung richtig ist. Das Pferd weiß nicht mehr, was es soll und erlebt die Zügeleinwirkung als negativ.

Zurück zum Aushalten und Nachgeben: Die Hand hält also aus (wenn der Kopf in Position 1–2 gehalten wird), von hinten kommt genügend treibende Kraft. Diese Kraft verhindert, dass das Pferd den aufgenommenen Zügel als Signal zum Langsamerwerden versteht. Es spürt das begrenzende Gebiss als Druck auf der Zunge. Ist es gut ausgebildet und vertraut darauf, dass die Hand (und somit das Gebiss) nicht weh tut, dehnt es sich an das Gebiss heran – mit Tendenz nach unten –, stößt sich leicht ab, um sich dann wieder heranzudehnen und beginnt zu kauen, alles wirkt fast spielerisch.
Der Reiter hält dann eine leichte Kontaktspannung und gibt je nach Pferd nur kleine Impulse, eine Art nicht sichtbares Vibrieren der inneren

Hand. Ziel ist die Selbsthaltung des Pferdes, bei ganz leichtem Kontakt zwischen Hand und Pferdemaul. Je nach Pferd müssen Sie dabei die richtige Dosierung zwischen feiner Einwirkung und in Ruhe lassen finden.

Die äußere Hand passt auf, dass die Nase nicht hoch kommt, indem sie bereit ist, immer wieder den aushaltenden, auffordernden Druck herzustellen. Sie gewährt den Freiraum zwischen Position 2 und 3 und begleitet vorsichtig, Kontakt am seidenen Faden haltend, die Bewegung. Der Unterkiefer des Pferdes soll locker und beweglich sein, das Pferd soll leicht auf dem Gebiss kauen.

Das Zusammenschnüren des Mauls mit dem Sperrriemen ist aus Sicht des feinen Reitens und unter Gesundheitsaspekten falsch. Wie soll ein Pferd mit dem Unterkiefer nachgeben und kauen, wenn das Maul wie eine Roulade verschnürt ist? Über die Muskelketten verspannt sich das ganze Pferd. So werden nur Ausbildungsmängel und grobe Handeinwirkungen übertüncht!

In Kriegszeiten mag der Sperrriemen sinnvoll gewesen sein, als im Kampfgetümmel auch die reiterlich unerfahrensten Soldaten in der Lage sein mussten, ihre Pferde unter Kontrolle zu halten und diese sich nicht durch Maul-Aufsperren entziehen durften. Ein Kavallerist ohne Einwirkung wäre verloren gewesen.

Heutzutage mag der Sperrriemen noch bei grob verrittenen Pferde angebracht sein, die sich das Entziehen zur Gewohnheit gemacht haben. Ansonsten halte ich ihn für so überholt wie die Haltung von Pferden in Ständern.

Um den Dialog zwischen Hand und Maul im Wechselspiel von Dehnungshaltung und beginnender Versammlung zu erhalten, geben Sie hin und wieder eine halbe Parade, einen leichten Impuls der inneren Hand mit anschließendem Nachgeben, das Kopf und Hals bis in die Vorwärts-Abwärts-Haltung führen kann. Die äußere Hand hält die weiche, stetige Verbindung, immer bereit zum Aushalten.

In der Anfangsphase der Reitstunde wird bei entsprechender Zügellänge in die Dehnungshaltung (vorwärts-abwärts) geritten, beim versammelnden Reiten runden wir so den Hals vermehrt. So erhöhen wir bei treibender Kraft von hinten die Spannung, runden schließlich das gesamte Pferd und erzeugen die Versammlung.

In der Dehnungshaltung lösen wir die Spannung teilweise wieder auf und verbessern und bestätigen die Anlehnung. Aber nie vergessen, mit treibender Kraft von hinten zu begleiten und gegebenenfalls zu verstärken.

Vor Tempowechseln und Hufschlagfiguren bzw. Lektionen gebe ich einen kleinen Impuls (einseitige äußere Parade), wenn ich den Eindruck habe, dass mein Pferd dafür eine Konzentrationssteigerung benötigt.

Auch vor der ganzen Parade (zum Anhalten) empfiehlt sich zur Vorbereitung ein Impuls mit der äußeren Hand. Die äußere Hand führt und begrenzt, die innere Hand stellt und erhält den Dialog. Der Impuls wird durch weiches Schließen und Öffnen des Ringfingers gegeben, wie wenn man einen Schwamm ausdrückt.

Ausbildungsmängel korrigieren

Was aber tun, wenn mein Pferd nicht so gut ausgebildet ist und sich in Kopf-Hals-Position 1 auf den Zügel legt oder dagegen drückt?

Dann habe ich zwei Möglichkeiten:

Zum einen kann ich nach vorwärts-abwärts nachgeben. Dadurch wird das Pferd gezwungen sich auszubalancieren und wird meist der Hand nach unten folgen. Danach sofort von hinten treiben. Dadurch wird die Hinterhand aktiviert, stärker unter den Schwerpunkt zu treten und das Pferd richtet sich vorne leicht auf. Wenn der Kopf in Position 3 kommt, kurz mit der Hand aushalten, dann sofort deutlich nachgeben und weiche Kontaktspannung aufnehmen. Das Pferd sollte jetzt die Haltung zwischen Position 2 und 3 haben. Also Nachgeben, treiben, aufnehmen, wieder leichter werden.

Zum anderen kann ich das Aufnehmen des Pferdes mit dem Stellen verbinden. Das funktioniert bei vielen Pferden sehr gut. Es hilft auch dem Reiter, nicht nach hinten zu ziehen. Durch die Stellung des Pferdes wirkt die äußere Hand verwahrend und nur soweit nachgebend, wie die Kopfstellung es erfordert. Die innere Hand stellt. Der innere, stellende Zügel wird vom Pferdehals weggeführt. Die innere Hand verkürzt den Zügel, indem sie etwas höher gehalten wird als die äußere Hand. Die äußere Hand geht je nach Stärke der Biegung etwas mit nach vorne, um dem Pferd die notwendige Verlängerung des Zügels zu geben, damit es dem Stellen der inneren Hand folgen kann. Die Kunst ist, mit der äußeren Hand den feinen Kontakt zu halten, die Anlehnung zu behalten und trotzdem so weit nachgebend zu begleiten, dass das Pferd die Innenstellung ungehindert einnehmen kann. Manche verkürzen auch den inneren Zügel und drücken am Widerrist in Richtung äußere Schulter. Das wird von jungen Pferden aber oft nicht so gut verstanden.

Das innere Bein treibt diagonal, etwas deutlicher und bewusster als das äußere Bein, zum äußeren Zügel hin. Das bedeutet, dass der innere treibende Schenkel die Hinterhand des Pferdes aktiviert und der äußere Zügel diese Aktivität wieder auffängt, damit zum einen der Spannungsbogen erhalten bleibt, zum anderen das Pferd nicht nach außen wegdriftet.

Die innere Hand erhält währenddessen die Stellung des Kopfes.

Geht das Pferd beim Stellen über den Zügel oder verwirft sich im Genick, ist die gesamte Übung wert- und erfolglos. Dann müssen Sie erst wieder nachgeben und vorsichtig wieder neu stellen, aber erst wenn das Pferd Kopf und Hals wieder fallen gelassen hat und locker geht.

Wichtig ist: Die Kontaktspannung mit immer wieder weich werdender Hand erhalten. Stellen und gleich darauf wieder weich werden.

Die äußere Hand kontrolliert die Höhe der Pferdenase und die Anlehnung. Der innere, stellende Zügel dient nicht dazu, die Pferdenase an der Senkrechten zu halten. Das würde zum Verwerfen des Pferdes im Genick führen, es liefe mit schiefen Kopf und die Ohren wären nicht mehr auf gleicher Höhe.

Zum Abschluss noch ein Tipp: Ein gutes Hilfsmittel zur Herstellung des richtigen Spannungsbogens ist das Reiten mit leichter Innenstellung. Besonders hilfreich ist es, viel auf gebogenen Linien zu reiten. Doch auch auf der Geraden in der Reitbahn ist eine leichte Innenstellung empfehlenswert. Natürlich nicht im Gelände und nur bei Pferden, die bereits versammelndes Reiten kennen. Durch das Reiten in Innenstellung, aber auch durch korrekt gerittene Seitengänge habe ich folgenden Vorteil: Das innere Hinterbein wird zum stärkeren Untertreten aktiviert, ohne dass das Pferd in eine schnellere Bewegung ausweichen kann. Dem gebogenen Pferd fällt das Weglaufen schwerer.

Der Zügelkontakt ist dann richtig, wenn das Pferd dem Reiter tatsächlich soweit vertraut, dass es einen feinen Kontakt zulässt, den Zügeldruck annimmt und sich nicht verkriecht oder einrollt.

Steht die Stirn-Nasen-Linie hinter der Senkrechten, ist ebenso wenig Kontakt vorhanden, wie wenn das Pferd über dem Zügel geht. Und es ist sogar noch schwieriger zu korrigieren. Dazwischen liegt das Gute und Meisterliche, der Kontakt „am seidenen Faden".

4.4.5 Reiten in die Versammlung

Nach dem aufsitzen reitet man zunächst Schritt, zwei, drei Runden am hingegebenen Zügel, dann verkürzt man die Zügel, bis eine leichte, aber konstante Kontaktspannung entsteht. Diese Spannung stetig und ruhig steigern bis zur auffordernden Spannung. Ca. drei Sekunden halten, dann wieder in die Kontaktspannung nachgeben. Die Hände werden tief und schulterbreit geführt, der Reiter reitet im Leichten Sitz und trabt leicht.

Im Trab den Kopf des Pferdes so einstellen, dass die Ohren tiefer als der Sattel liegen und die Nasenlinie in der Senkrechten ist. Immer wieder mit der Hand nach vorwärts-abwärts nachgeben, Dehnungshaltung herstellen.

Nie ziehen, nur aushalten, nachgeben und das Pferd „von hinten nach vorne" reiten, d.h. mit treibender Kraft von hinten.

Nach ca. 15 Minuten (beim ausgebildeten Pferd), je nachdem, wie weich und durchlässig das Pferd ist, vermehrt einsitzen, die Hände sind nun korrekt in der Grundhaltung über dem Widerrist, die Ellenbogen sind angewinkelt, damit die Hand unabhängig von der Körperbewegung ist. Das Pferd soll sich nicht mehr so stark nach vorwärts-abwärts dehnen, sondern sich immer mehr aufrichten, das Gewicht vermehrt auf die Hinterhand verlagern. Es soll bei leichter Anlehnung mit dem Genick als höchstem Punkt im vorgegebenen Tempo laufen. Das Becken des Reiters bestimmt das Tempo.

Die Handeinwirkung variiert zwischen leichter Kontaktspannung und auffordernder Spannung. Die Hand kann aushalten, falls das Pferd gegen den Zügel drückt, und hält dann wieder weiche Kontaktspannung am glatten Zügel. Reiten in Stellung und Bahnfiguren sind dabei hilfreich. Wenn das Pferd nachgibt und der Zügel locker wird, sollte der Reiter mit der Hand auf dem Zügel mit den Fingern vorgreifen können. Der Zügel bleibt dabei immer in weicher Kontaktspannung. Die Finger laufen gleichsam wie Spinnenbeine auf dem Zügel entlang, damit der Zügel immer in einer glatten Verbindung nachgefasst wird, ohne im Maul zu rucken. Das lässt sich auch ohne Pferd üben, z.B. mit einem Partner oder einer am Stuhl aufgehängten Trense!

4.5 Aufbau einer Trainingseinheit

Die Trainingseinheiten mit dem Pferd kann man sich als ein System mit vier Spannungs- oder Aktivierungsstufen vorstellen. Jede Stufe verfolgt Ziele im Hinblick auf die Gymnastizierung und die Versammlungsfähigkeit des Pferdes und hat ihre eigene positive Grundspannung (Spannungsbogen). Jede Stufe trainiert auf einem jeweils höheren Niveau Muskelkraft und Trageapparat des Pferdes. So führt das 4-Stufen-System Schritt für Schritt und Übung für Übung zur Versammlung.
Deshalb mit jungen und untrainierten Pferden nur langsam vorangehen und langsam steigern. Immer wieder von den gut beherrschten zu den neuen, aufbauenden Übungen arbeiten. Kommt es zu Widersetzlichkeiten oder Verspannungen, eine Stufe zurückgehen und die Grundlagen festigen. Bei den meisten Pferde dauert es eine Zeit, bis man zur nächst höheren Stufe übergehen kann. Je nach Exterieur, Grundbemuskelung, Haltung, Vorgeschichte etc. muss man unterschiedlich lange auf mancher Stufe verweilen und kann nur ganz allmählich Übungen der nächst höheren Stufe mit einfließen lassen. Deshalb sind hier Zeitangaben fast unmöglich und nur Richtwerte.

4.5.1 Stufe 1 – Entspannung, Aufwärmen

Abb. 57: Sitz und Haltung auf Stufe 1

Dauer: 5 bis 10 Minuten im Schritt, im Zweifel länger

Ziel
Psychische Entspannung des Pferdes, die Lockerung der Wirbelsäule und der Muskulatur. Aufmerksamkeit des Pferdes auf den Reiter konzentrieren. Gelenkflüssigkeit in die Gelenke fließen lassen, Muskeln auf „Betriebstemperatur" bringen.

Sitz und Einwirkung
Der Reiter entlastet im leichten Sitz/Remontesitz, die Zügel sind hingegeben. Kein Druck am Zügel. Gelenkt wird durch Gewicht und Schenkelhilfen und durch das Berühren des Zügels oder das Touchieren mit der Gerte am Hals.

Übungen
Volten, Achten, Schlangenlinien, ganze Paraden, Rückwärtsrichten (alles ohne Zügeleinwirkung).
Der Reiter entspannt sich, kontrolliert den eigenen Körper auf Verspannungen, fühlt und „schwingt" sich in das Pferd ein, wärmt sich eventuell durch eigene Übungen auf.

152

In Stufe 1 finden Kontaktaufnahme und Entspannung statt. Pferde, die nach dem Aufsitzen nur sofortigen Druck im Maul kennen, wirken oft verwundert und werden aufmerksam. Bei Verständigungsschwierigkeiten können in dieser Phase Stimmhilfen wiederholt werden, die vorher am Boden erarbeitet wurden. Die Gerte kann mit Antippen an der Schulter oder am Hals in den Biegungen helfen, falls die Gewichts- und Schenkelhilfen nicht ausreichen.

Trab ist bei bewegungsunwilligen Pferden gut als kleine Reprise, sollte aber erst nach mindestens 10-minütigem Schritt-Gehen-Lassen geritten werden (Gelenkflüssigkeit muss erst die Gelenke „schmieren", sonst treten frühzeitig Abnutzungserscheinungen auf). Wenn der Übungsraum nicht eingezäunt ist (Halle, Reitplatz), nicht am vollständig hingegebenen Zügel arbeiten, das ist zu riskant. Auf dem Reitplatz ist die Arbeit am hingegebenen Zügel jedoch sehr bedeutsam. Sie hat erzieherischen Wert und hier entscheidet sich oft, ob man auf einem entspannten oder einem verspannten Pferd sitzt. Mentales Lösen ist extrem wichtig für Pferd und Reiter. Bei sehr angespannten Pferden kann es auch sinnvoll sein, mal eine halbe Stunde am hingegebenen Zügel zu reiten, das löst die Anspannung. Wie lange Sie am hingegebenen Zügel arbeiten,

Abb. 58: Sitz und Haltung auf Stufe 1

hängt davon ab, wann und ob sich ihr Pferd ausreichend entspannt hat. Von drei Minuten bis zu einer ganzen Einheit ist alles möglich.
Wenn Sie ein fein gehendes, durchlässiges Pferd haben wollen, müssen Sie immer wieder mit feinen Hilfen üben. Streben Sie immer die Entspannung des Pferdes und seine Konzentration an. Es soll sich auf Sie, den Reiter („nach hinten") konzentrieren. Das lässt sich bereits am hingegebenen Zügel üben. Bei unterschiedlichen Pferdetypen kann die eingenommene Haltung variieren, die Nase unterschiedlich tief sein, immer aber sollte die Hinterhand aktiv vorfußen.

Abb. 59 + 60: Ziel der Stufe 1 am hingegebenen Zügel ist die mentale Entspannung des Pferdes.

4.5.2 Stufe 2 – Dehnung, Kräftigung

Abb. 61: Sitz und Haltung auf Stufe 2

Dauer: 10 bis 20 Minuten

Ziel
Dehnen, entspannen der Rückenmuskulatur, Heben des Rückens über das Nacken-Rückenband, Auseinanderspreizen der Dornfortsätze, freie Beweglichkeit der langen Rückenmuskeln bei gut vortretender Hinterhand; der Rücken des Pferdes soll sich aufwölben. Es besteht Kontakt zum Maul, der aber keinen Widerstand beim Pferd provozieren sollte.

Der Zügel hält feinen Kontakt zum Maul, hängt nicht mehr durch, damit kleine, feine Impulse gegeben werden können. Er wirkt aber nur mit seinem Eigengewicht, das Pferd spürt keinen Druck im Maul, wenn es sich nach vorwärts-abwärts dehnt. Der Pferdehals muss sich etwas wölben, die Nasenlinie ist in der Senkrechten oder knapp davor. Nicht mit der Hand nach unten drücken! Die Ohren des Pferdes stehen nicht höher als der Sattel. Nicht zu tief gehen lassen, nicht nach hinten und damit das Pferd zusammenziehen.

Sitz und Einwirkung

Der Reiter ist immer noch im leichten Sitz und trabt leicht. Der Zügel hat leichten Kontakt zum Maul und hält genau diese Stellung. Die Nasenlinie des Pferdes ist fast in der Senkrechten oder leicht vor der Senkrechten. Das Pferd dehnt sich an die Hand und geht in leichter Anlehnung.

Übungen

Wenn das Pferd auf geraden Linien federnd, mit schwingendem Rücken trabt, stellt man es auf gebogenen Linien leicht nach innen. Auf richtige Gewichts- und Schenkelhilfen achten, die größeren Figuren im Trab, kleinere Wendungen (z.B. Volten) nur im Schritt reiten, sonst viel Trab mit Handwechseln, auch über Stangen traben lassen. Dabei leichttraben oder im Leichten Sitz reiten. Immer darauf achten, dass das Pferd losgelassen im Rücken schwingt und im weichen Bogen in der Dehnungshaltung bleibt.

Abb. 62: Wie weit man den Oberkörper in Vorlage bringt, bestimmt die Tagesform des Pferdes.

Abb. 63: Ein steifer, verspannter Pferderücken erfordert stärkere Entlastung durch den Reiter.

Je nachdem, wie losgelassen Ihr Pferd ist, üben Sie auf dieser Stufe länger oder gehen nach kurzer Zeit zur nächsten Stufe über. Das kann auch mal von der Tagesform abhängen. Wenn sie am Vortag nur 10 Minuten in Dehnungshaltung reiten mussten und dann die Anforderung steigern konnten, um das Pferd nicht zu langweilen, kann es dennoch sein, dass heute 15 Minuten nicht ausreichen und Sie eine gewisse Stufe gar nicht erreichen können, weil das Pferd abgelenkt ist oder steif aus der Box kam. Das ist so, damit müssen Sie als Reiter leben und sich danach richten! Sie reiten auf Stufe 2, so lange es eben dauert.

Ideal ist es, wenn der Pferderücken schwingt und sich aufwölbt, das Pferd sich in den Zügel dehnt, die Hand sucht, nachgiebig wird im Genick und abschnaubt bzw. prustet. Wie weit Sie in dieser Phase mit Ihrem Oberkörper in der Vorlage sind, hängt von den Bedürfnissen Ihres Pferdes ab. Wichtig ist, dass Sie sich für das Pferd leicht anfühlen, den Pferderücken ent- und nicht belasten. Die Hände sind mindestens schulterbreit geöffnet. Entscheidend ist, dass das Pferd den Weg vorwärts-abwärts in die Dehnungshaltung findet.

Korrekturen
Wenn eine Übung nicht klappt, gehen Sie einen Schritt zurück, vom Trab in den Schritt usw. – das kennen Sie ja inzwischen. Nicht hundert Mal den Fehler wiederholen und alles nur noch schlimmer machen! Zurückschalten, Vorstufen üben und dann auf ein Neues. Selbstvertrauen, positive Einstellung und Harmonie beim Pferd erhalten!

Wenn der Zügel zu lang und zu lose ist, der Reiter aber plötzlich Anlehnung herstellen will, weil das Pferd sich nach oben heraushebt, bekommt das Pferd unangenehm grobe Rucke im Maul. Achten Sie also auch bei der Dehnungshaltung auf einen ruhigen und steten Kontakt zum Pferdemaul bei ganz leichter Zügelspannung ohne schlagenden Zügel.
Ist der Kontakt zum Maul jedoch zu stark, dann kann es daran liegen, dass Sie nicht rechtzeitig durch auffordernde Spannung oder Aushalten das Pferd zum Nachgeben aufgefordert haben und es Ihnen nun auf der Hand liegt. Sie müssen darauf achten, das Pferd immer wieder durch leichten Druckaufbau und Nachgeben in die Kontakspannung im Maul locker und kauend zu erhalten und es daran zu erinnern, dass es sich selbst tragen muss. So findet es erst gar keine Stütze in der Reiterhand.
Denken Sie aber daran, dem Pferd auch beim Reiten Entspannungspausen zu gönnen, in denen es sich strecken kann. Gerade am Anfang der Ausbildung können sich junge oder untrainierte Pferde noch nicht lange selbst tragen (in Selbsthaltung gehen).
Hebt sich das Pferd nach oben heraus, müssen Sie den Druck im Maul so lange aufrecht erhalten, bis das Pferd durch Fallenlassen des Halses nach unten nachgibt. Erleichtert wird Ihnen das, wenn Sie auf gebogenen Linien und in Stellung reiten, da dann das Pferd sich schneller löst und nachgibt. Trotz des starken Zuges, den das Pferd vielleicht auf den Zügel ausübt, sollten Sie nicht dagegen ziehen. Benutzen Sie die

aushaltende Zügelhilfe, indem sie die Hand am Platz lassen und bei verkürztem Zügel Druck aufbauen und halten.

Wichtig: Gibt das Pferd auch nur ansatzweise nach, müssen auch Sie nachgeben, um es für seinen Schritt in die richtige Richtung zu belohnen.

Sofort wird dann auch Ihre Hand wieder fein und leicht. Das Pferd soll die Erfahrung machen: Gebe ich nach, lässt der Druck nach und es wird angenehm, hebe ich den Kopf nach oben, wird es unbequem, weil der Reiter durch annehmenden Druck immer stärker zum Nachgeben auffordert.

Im Idealfall lernt das Pferd, auf den annehmenden Zügel und Schenkeldruck den Kopf nach vorwärts-abwärts fallen zu lassen.

Die Aktion der Hinterhand und das Treiben sind auf Stufe 2 außerordentlich wichtig. Also lieber erst richtigen, guten und raumgreifenden Schritt gehen und erst dann den Kontakt zum Maul über den Zügel herstellen. Gleichzeitig mit Becken und Schenkel dem Pferd signalisieren, dass es vorwärts und im Takt gehen soll. Wenn es langsamer wird, muss die Einwirkung der Hand leichter und gleichzeitig der treibende Druck von hinten stärker werden.

4.5.3 Stufe 3 – Tragkraftschulung, versammelndes Reiten

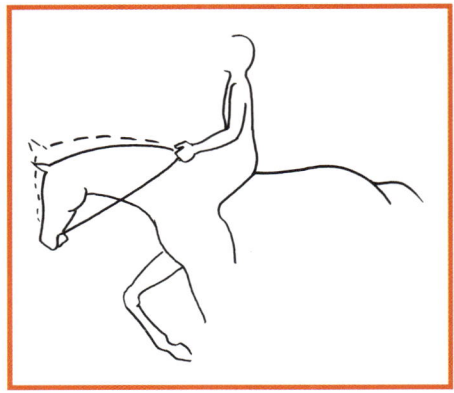

Abb. 64: Sitz und Haltung auf Stufe 3.

Dauer: 5 bis 20 Minuten

Sitz und Einwirkung
Der Reiter sitzt fast gerade, nur noch ganz leichte Entlastung bzw. vermehrte Belastung. Zügel verkürzen und das Pferd in Anlehnung halten.

Ziel
Beizäumung des Pferdekopfes bei vermehrter Halsaufrichtung und Wölbung erreichen, der Kontakt zum Maul wird bei vermehrt treibenden Hilfen verstärkt. Pferd an den Zügel bzw. an die Hilfen stellen. Es übernimmt dabei allmählich mehr Last auf der Hinterhand als auf den vorhergehenden Stufen. Der Rücken bleibt aufgewölbt und schwingt. Es wird noch keine Aufrichtung und Hankenbeugung verlangt.

Der Unterkiefer soll beweglich sein, das Pferd soll kauen, denn zwischen dem Maul und der Bauchmuskulatur gibt es muskuläre Verbindungen. Kauen entspannt diese Muskelketten. Das An- und Entspannen der Bauchmuskeln hilft dem Pferd, den Rücken aufzuwölben.

160

Das Pferd wird an den Zügel gestellt, die Zügel werden langsam aufgenommen und gegenüber der Stufe 2 wiederum etwas verkürzt. Natürlich langsam, nicht ruckartig, und verbunden mit vorwärts treibenden Gewichts- und Schenkelhilfen. Schenkel und Gewicht setzen Sie so fein dosiert ein, dass Takt und die Geschmeidigkeit der Bewegung erhalten bleiben. Dies ist ein entscheidendes Kriterium.

Wichtig ist dabei: Das Pferd darf und soll nach vorwärts-abwärts streben. Zwischendurch immer wieder ein Stück vorwärts-abwärts reiten, um die Dehnungsbereitschaft zu überprüfen und zu bestätigen.

Mit Hilfe der Zügeleinwirkung wird das Bestreben nach vorwärts-abwärts aber auch begrenzt, damit die Kopf-Hals-Position nicht ganz so tief wie auf Stufe 2 eingenommen wird. Das kräftigt die Hals- und Rückenmuskulatur und schult bei entsprechend aktiver Hinterhand die Tragkraft, weil mehr Last auf die Hinterhand übernommen wird.

Je mehr Sie das Pferd an den Zügel stellen, umso ruhiger muss Ihre Hand werden.

Wenige, kleine Impulse, um das Maul nachgiebig zu halten, die Tendenz nach vorwärts-abwärts zu überprüfen, und immer wieder nachgeben. Ansonsten Ruhe in der Hand, die nur die feine Kontaktspannung hält.

Sitz und Armhaltung sind jetzt völlig anders als auf Stufe 2. Der Zügel ist kürzer als bei Stufe 2, die Ellenbogen sind angewinkelt. Die Hände werden „getragen", nicht nach unten gedrückt oder nach hinten gezogen. Der Sitz ist aufrechter. Diese Umstellung gilt es zu beherrschen. Auch für das Reiten im Gelände ist Stufe 3 gut geeignet, in diesem Fall sollten Sie Leichttraben.

Das Reiten auf Stufe 3 ist die Vorbereitung zur Versammlung. Es wird immer dann als Abschluss und höchste Stufe der Trainingseinheit geritten, wenn die Pferde wegen ihres Alters, Ausbildungsstandes oder ihres Körperbaus noch nicht bereit sind, die Anforderungen der Stufe 4 zu meistern, bzw. so lange bis sie dazu in der Lage sind.

Die Übungen und Haltung der Stufe 4 kann man im Allgemeinen erst fordern, wenn das Pferd sechs bis sieben Jahre alt und entsprechend auf den Stufen 1 bis 3 aufgebaut worden ist. In der Bahn gehen Stufe 3 und Stufe 4 fließend ineinander über, das versammelnde Reiten der Stufe 3 ist der Übergang zum versammelten Reiten der Stufe 4.

Auch auf dieser Stufe muss jedes „Festmachen", jede unerwünschte Anspannung über die Dehnungshaltung nach vorwärts-abwärts gelöst werden, d.h. die Hand des Reiters gibt bis zur Dehnung nach und nimmt das Pferd aber auch wieder bis zur Haltung der Stufe 3 auf. Ein feines Spiel mit den Kräften!

Wenn das Pferd der Hand ausweicht oder dazu tendiert sich einzurollen, hilft es, die Hände etwas höher zu tragen, einen schmerzfreien leichten Kontakt zu halten und die treibende Schenkelhilfe zu verstärken (mehr vorwärts). Die Hand sinkt sofort wieder in die Normalstellung, wenn das Pferd wieder in Anlehnung geht und die Nasenlinie an der Senkrechten ist. Das Pferd dehnt sich an die Hand heran, wenn diese nicht weh tut und immer wieder leicht wird (keinen Druck mehr ausübt).

Übungen

Biegungen, Schulter vor, nach innen und außen gestellt. Alle Gangarten, alle Bahnfiguren.

Besonders wichtig: Übergänge Schritt-Trab, Trab-Galopp, ganze Paraden, Rückwärtsrichten, Vorhandwendungen, Hinterhandwendungen.

Beim An-den-Zügel-Stellen auf den Takt achten. Jede Parade der Hand muss von Kreuz- und Schenkelhilfe begleitet sein, sodass der Takt erhalten bleibt. Die Kraft von hinten muss gleichmäßig fließen. Kein Stellen ohne genügend Schwung von hinten. Bieten Sie beim Stellen Ihrem Pferd das Weichwerden mit der stellenden Hand an. Der äußere Zügel hält die Kontaktspannung.

Immer sofort weich werden, nachgeben mit der Hand, wenn das Pferd von sich aus nachgibt. Den Zügel dabei aber nicht wegwerfen!

Bieten Sie Ihrem Pferd auch das Nachgeben an, wenn es in der richtigen Kopf- und Halshaltung ist, so erlebt es diese Haltung als positiv bestätigt. Sollte es sich doch auf den Zügel legen, kurz aushalten, um eine auffordernde Spannung herzustellen, und anschließend wieder die weiche Kontaktspannung mit Momenten völliger Leichtigkeit anbieten (Leichtigkeit bedeutet, es wirkt nur das Eigengewicht des Zügels, die Hand übt keinen Druck aus).

Die Zügel immer langsam aufnehmen, eine härtere Parade mit der Hand ist nur dann erlaubt, wenn das Pferd den Kopf stark und plötzlich nach

Abb. 65: Eine ganz leichte, aber stete Anlehnung mit Tendenz zur Dehnung. Das Pferd trägt sich selbst, ist aber noch nicht aufgerichtet.

oben reißt und Gefahr im Verzug ist. Sonst nachgeben und aushalten, die Hand über oder am Widerrist stehen lassen, in der Einwirkung immer wieder ganz leicht werden, bereit sein für kleine Impulse. Zügel immer auf die richtige Länge einstellen, indem die Finger auf diesem nach vorne greifen. Nicht die Hand zum Bauch oder gar auf den Oberschenkel ziehen.

Um das Pferd auf Stufe 3 reiten zu können, sollte es mindestens schon ein Jahr unter dem Sattel gegangen sein, und auch dann muss man häufig noch mit wenig zufrieden sein und darf nicht zu viel auf einmal fordern.

Wurde das Pferd mit dreieinhalb bis vier Jahren angeritten, gesundheitlich gesehen der richtige Zeitpunkt, ist es nach entsprechender Vorarbeit inzwischen fünf oder sechs Jahre alt. Erst wenn es zwischen sechs und zehn Jahren alt ist und entsprechend trainiert, kann man als verantwortungsvoller Reiter Übungen auf Stufe 4 von seinem Pferd fordern! Alles andere gefährdet die Gesundheit Ihres Pferdes!

4.5.4 Stufe 4 – Versammeltes Reiten

Abb. 66: Gute Haltung auf Stufe 4, leichter Kontakt, gute Hinterhandaktivität.

Dauer: 5 bis 20 Minuten, je nach Alter und Entwicklungsstand

Sitz und Einwirkung
Die Anlehnung ist konstant. Das Pferd trägt sich bei aktiver Hinterhand und gewölbtem Hals und Rücken immer mehr selbst. Es richtet sich vermehrt auf, beugt die Hanken und verlagert das gemeinsame Gewicht weiter auf die Hinterhand. Der Reiter sitzt aufrecht im Vollsitz, das Pferd „steht an den Hilfen" zwischen Sitz, Schenkel und minimaler Handeinwirkung. Das Pferd richtet sich in der Vorhand auf, wirkt größer und geht im Ideal „bergauf".

Ziel
Das Pferd übernimmt Gewicht auf der Hinterhand, bleibt in der Hand leicht, sein Rücken schwingt. Es ist aufmerksam und durchlässig, reagiert auf Gewichts- und Schenkelhilfen. Es zeigt alle Gangarten in versammeltem Tempo, und beugt die Hanken bis zur starken Versammlung in der Piaffe oder Passage.

164

Übungen

Alle Wendungen, alle Übergänge, ganze Paraden, Rückwärtsrichten.

Der Übergang vom Galopp in die ganze Parade zum Halten ist eine wirkungsvolle Übung auf dieser Stufe und ein Prüfstein. Denn die ganze Parade gelingt nur dann harmonisch, wenn der Galopp ausreichend versammelt war und das Pferd sich selbst getragen hat.

Weitere stark versammelnde und lastaufnehmende Wirkung haben auch das Antraben aus dem Rückwärtsrichten oder das Angaloppieren aus dem Halten oder dem Rückwärtsrichten.

Auch Seitengänge fördern die Versammlung: Schulterherein, Travers, Renvers und Kombinationen dieser Übungen bzw. das Aneinanderreihen dieser Übungen schulen die Versammlungsfähigkeit. Im Idealfall richtet sich das Pferd in dem Maß vorne auf, wie es sich durch Beugung der Hanken „setzt". Auf dieser Stufe sind Übungen wie Halbe Tritte, Piaffe und Passage erstmals möglich, ebenso Galopp-Pirouetten.

Abb. 67: Sarita und Ritu arbeiten an der Piaffe unter dem Reiter.

Wichtig dabei ist: Die Aufrichtung darf nicht durch die Hand erzwungen werden, indem man das Pferd vorne hochzieht. Entscheidend ist der feine und gleichmäßige Zügelkontakt, der durch Halbe Paraden die Dehnungsbereitschaft und die Nachgiebigkeit im Unterkiefer erhält.

Wichtig bei den Paraden: Immer erst die treibende Kraft mit dem Schenkelimpuls aktivieren, dann mit Handimpuls Spannung verstärken und wieder nachgeben. Der Einsatz der Hinterhand ist entscheidend.

Beim Überstreichen der Zügel, Öffnen der Hände oder Zügel-aus-der-Hand-Kauen-Lassen muss sich das Pferd nach vorwärts-abwärts dehnen, in dem Maß, in dem der Reiter den Zügel verlängert (dehnungsbereites Pferd).

Beim ganz kurzen Überstreichen oder Öffnen der Hände behält das Pferd im Idealfall sogar seine Haltung bei, das ist die so genannte Selbsthaltung.

Problemlösungen auf Stufe 3 und 4
Das Pferd legt sich schwer auf den Zügel, will ihn als fünftes Bein benutzen:
Geben Sie mit der Hand kurz nach, entziehen Sie dem Pferd die Stütze. Dann sofort wieder an den Zügel stellen. Darauf achten, dass die Nasenlinie in bzw. kurz vor der Senkrechten bleibt und das Genick der höchste Punkt ist. Das Stellen mit Schenkel- und Beckenimpulsen begleiten (der Spannungsbogen, Sie erinnern sich!). Suchen Sie den Punkt, an dem das Pferd wieder weicher, nachgiebiger wird. Er markiert die für den derzeitigen Ausbildungsstand richtige Kopf-Hals-Haltung Ihres Pferdes. Diese Haltung bestätigen Sie durch Nachgeben/Weichwerden. Wenn das nicht klappt, zum Schritt zurückkehren und im Schritt üben. Wenn auch das nicht funktioniert, zurück auf Stufe 2 und noch mal psychisch und physisch entspannen.

Das Pferd läuft Ihnen bei dem Versuch von Stufe 2 auf Stufe 3 zu wechseln davon:
Mit Paraden (Kreuz/Schenkel/Hand) zum Langsamerwerden auffordern. Keine langen Seiten oder ähnlich lange Strecken in ein und demselben Tempo reiten, also keinen Trab an der langen Seite ohne Parade zum Schritt oder zum Halten. Viele Übergänge und Tempowechsel reiten, gebogene Linien wie Zirkel, Volte, Schlangenlinie einbauen und Lekti-

onen fordern, die die Geschwindigkeit des Pferdes von selbst drosseln, wie zum Beispiel Seitengänge.

Nach einer ganzen Parade oder versammelnden Lektionen immer einige Sekunden stehen bleiben und das Pferd ruhig

> *Nie das Nachgeben vergessen und nie etwas erzwingen wollen.*

werden lassen, dann erst weiterreiten. Viel loben, wenn das Pferd die Aufmerksamkeit „nach hinten" richtet und auf die Hilfen „wartet". Die Pausen zwischen den Übungen beruhigen und lösen psychisch.

Falls das nicht hilft, zurück auf Stufe 2 und an der physischen und psychischen Losgelassenheit und Kräftigung der Muskeln arbeiten.

Ich sage es nochmal, weil es das Allerwichtigste ist: Nie das Nachgeben vergessen und nie etwas erzwingen wollen.

Wir stellen mit dem Annehmen des Zügels einen gewissen Druck her, um nachgeben zu können. Nie nach hinten ziehen, nur im Fall des Falles mal die Hand nach vorn oben oder seitwärts führen. Keinen Kampf veranstalten, sondern klare Anforderungen stellen und rechtzeitig nachgeben. Wenn das Pferd selbst drückt oder sich entzieht, muss die Hand kurz aushalten. Von hinten treiben und immer wieder Druckentlastung anbieten.

Grundsätze:
- So sanft wie möglich, so streng wie nötig.
- Kein Dauerdruck, er stumpft das Pferd ab.
- Nach einer deutlichen Hilfe immer wieder fein beginnen.
- Mit einer guten Übung in Harmonie abschließen.
- Lieber einen oder zwei Schritte/Stufen zurückschalten, als mit Druck und Zwang Motivation und Vertrauen zu zerstören.
- Vorher, hinterher und zwischendurch immer wieder Pausen und Entspannung.
- Bei Neuem: kleine Schritte, mit wenig zufrieden sein, viel und selbst begeistert loben.

So macht das Training Pferd und Reiter Spaß!

5 *Unterschiedliche Pferde geritten im 4-Stufen-System*

Die folgenden Fotoserien veranschaulichen die im Kapitel 4.5 beschriebenen vier Stufen, ausgehend vom lösenden bis hin zum versammelten Reiten, jeweils anhand von unterschiedlichen Reitern und Pferden.

Ich möchte in meinen Fotoserien nicht nur „ideale" Pferde zeigen, sondern gerade solche, mit denen man häufigsten konfrontiert wird, Pferde die bestenfalls aufgrund mangelnder reiterlicher Erfahrung ihrer Besitzer unrittig wurden, aber auch solche, die durch

wenig einfühlsames und ignorantes Verhalten der Menschen nie gelernt haben auf feine Hilfen richtig zu reagieren. Pferde mit Geschichten, mit Schwächen und Stärken.

Und letztlich feine, sensible Pferde, deren Vertrauen und Respekt man sich (am besten am Boden) erarbeiten muss, ehe man mit Ihnen den langen Weg zur Harmonie zwischen Pferd und Reiter beschreiten kann. Ein Weg, den wir mit unseren Pferden gemeinsam gehen müssen. Der Weg ist in diesem Fall das Ziel.

Die vier Stufen stellen die Etappen des eigentlich fließenden Prozesses vom sich lösenden zum sich immer mehr versammelnden Pferd dar. Sie helfen dem Leser, Haltung und gymnastische Ziele auf dem Weg zur Versammlung unter dem Reiter zu visualisieren und das sich verändernde Zusammenspiel von Gewichts-, Schenkel- und Zügelhilfen stufenweise zu erfassen, zu erspüren und umzusetzen.

Aufgrund der Rasse, des Körperbaus und der Vorgeschichte der Pferde (Aufzucht, Haltung und Ausbildung) zeigen sich besonders Stufe 3 und 4 in unterschiedlicher Ausprägung. Doch die wesentlichen Merkmale dieser Stufen sind bei allen Pferden erkennbar. Dies beweist, dass sowohl ein Haflinger wie auch ein arabisches Pferd, ein Traber oder Warmblüter auf diesem Weg zu der ihnen möglichen Versammlung geführt werden können, bis hin zu den Ansätzen der Piaffe bei entsprechend fleißiger Arbeit.

Im Detail werden sich Haltung und Ausführung exterieur- und temperamentsbedingt unterscheiden. Ein Pferd mit dickem Hals und engen Ganaschen wird trotz Selbsthaltung in Aufrichtung und Leichtigkeit in der Anlehnung die Nasenlinie weiter vor der Senkrechten tragen, als ein Pferd mit idealem Hals und großer Ganaschenfreiheit.

169

Wichtig dabei ist nur, dass der Reiter den richtigen Punkt für die feine Verbindung erfühlt und das Pferd durch gute Annahme der Hilfen durchlässig reagiert. Dann wird das Reiten für beide zum Vergnügen. Die fotografierten Reiterinnen sind unterschiedlich alt und bringen unterschiedliche reiterliche Erfahrungen mit. Als sie zu mir kamen, hatten sie nur eines gemeinsam: Sie verfügten über das nötige Gleichgewicht im Sattel und über einen unabhängigen, ausbalancierten Sitz. In wenigen Reitstunden erlernten sie das Reiten nach dem 4-Stufen-System.

Zu den Pferden in diesem Buch:
Sarita, Hara und Shirina wurden auf unserem Hof gezüchtet und ausgebildet. Shirina wurde drei Jahre in der Westernreitweise geritten.
Der Galopper Suverino (genannt Suvi) und der Haflinger Nico kamen als Einstellpferde auf unseren Hof.

Nicos Besitzerin und seine Reitbeteiligung klagten über offene Blasen an den Händen, die aus einer harten und starren Zügelverbindung resultierten, denn sie hatten nie gelernt, mit leichter und feiner Anlehnung zu reiten. So reagierte Nico, als er das erste Mal auf der Stufe 1 (Reiten am hingegebenen Zügel) geritten wurde, mit einem wirklich erstaunten Gesicht und seine Mimik verriet neues Interesse und Lebhaftigkeit. Er ließ sich leicht von Stufe 2 auf Stufe 3 fördern und erstaunte seine Reiterinnen mit neuer Leichtigkeit in der Hand.

Suvi wurde von Katrin aus Mitleid aus einem dunklen Verschlag heraus gekauft. Er war völlig abgemagert und stand knietief in seinem Mist. Er koppte und hatte eine erfolglose Operation hinter sich. Es dauerte Wochen, bis er wie ein normales Pferd aussah. Er reagierte auf kleinste Bewegungen des Gebisses mit einem Schmerz erwartenden Aufreißen des Mauls. Eine Temporegulierung oder gar eine stete Anlehnung waren unmöglich.
Meiner Regie folgend ritt ihn Katrin einige Wochen nur mit dem Halfter nach dem 4-Stufen-System. In dieser Zeit korrigierte ich ihre Handeinwirkung. Dann legten wir ihm sein Gebiss ein, sie ritt jedoch eine Woche weiter mit dem Halfter ohne Einwirkung auf das Gebiss zu nehmen. Gleichzeitig schulten wir das Vertrauen ins Gebiss vom Boden

170

aus, wie beim jungen Pferd. Die gesamte Vorgehensweise erwies sich als erfolgreich und Suvi konnte wieder auf Trense geritten werden. Er lernte sich regulieren zu lassen, den Takt zu halten und anzuhalten, was sowohl mit als auch ohne Zügelhilfen funktioniert. Katrin freute sich sehr über ihre Fortschritte mit Suvi.

Hara Jassrah, arabische Halbblutstute,
geritten von Suse von Bülow.

Abb. 68: Stufe 1 Schritt am hingegebenen Zügel

Abb. 69: Stufe 2–3: Trab

Abb. 70: Stufe 3 Schritt

Abb. 71: Stufe 4 Trab

Abb. 72: Stufe 4 Galopp

In der Stufe 2 dürfte die Stute ihren Hals noch mehr fallen lassen bei noch deutlicherer Verbindung zur Reiterhand. Die Reiterin sollte so sitzen wie in Stufe 2–3. Im Übergang zur Stufe 3 sollte die Reiterin noch gerader und aufrechter sitzen. Sehr schön ist die Haltung von Pferd und Reiterin in der Stufe 4.

172

Shirina, arabische Halbblutstute, geritten von Mirjana Plavacz.

Abb. 73: Stufe 1 Schritt am hingegebenen Zügel

Abb. 74: Stufe 2 Trab

Abb. 75: Stufe 3 Trab

Abb. 76: Stufe 4 Trab

In der Stufe 2 wirken die Arme der Reiterin etwas gestreckt. Stufe 3 ist sehr korrekt ausgeführt. Stufe 4 ist gut erkennbar, aber Pferd und Reiterin könnten sich noch mehr aufrichten, indem die Reiterin durch geraderes Sitzen und Treiben den Bogen zwischen der Aktion der Hinterhand und dem zart auffangenden Zügel noch mehr spannt. Das Pferd wirkt entspannt und trotzdem aufmerksam.

Der Galopper Suverino,
geritten von seiner Besitzerin Katrin Inzinger.

Abb. 77: Stufe 1 Schritt am hingegebenen Zügel

Abb. 78: Stufe 2 Trab

Abb. 79: Stufe 2–3 Trab

Abb. 80: Stufe 3–4 Trab

Abb. 81: Stufe 4 Trab

Der Galopper Suverino hat harte Zeiten erlebt, bis er zu seiner Besitzerin Katrin kam. Als sie ihn kaufte, hatte er eine erfolglose Kopper-Operation hinter sich, war völlig abgemagert und ohne Auslauf eingesperrt. Er konnte anfangs nicht mit Gebiss geritten werden. Heute, in artgerechter Haltung lebend und konsequent nachgeschult, bemüht er sich sehr mitzuarbeiten. Noch mangelt es ihm an Kraft und Geschmeidigkeit in der Hinterhand.

174

Der Haflinger Nico, geritten von seiner Besitzerin Lisa Grothe.

Abb. 82: Stufe 1 Schritt am hingegebenen Zügel

Abb. 83: Stufe 2 Schritt in Dehnungshaltung

Abb. 84: Stufe 2 Trab in Dehnungshaltung

Abb. 85: Stufe 3 Trab

Abb. 86 + 87: Stufe 4 Trab

Im Gegensatz zur Stufe 1 tritt Nico in Stufe 2 vermehrt unter seinen Schwerpunkt und wirkt dadurch deutlich runder. Durch das kurze Aufgeben der Zügelverbindung in der Stufe 4 wird Nicos Selbsthaltung überprüft (Abb. 87) und seine natürliche Aufrichtung verbessert. Die Hinterhand könnte noch aktiver untertreten.

Sarita, arabische Halbblutstute, geritten von Ritu Wendt.

Abb. 88: Stufe 1 Schritt am hingegebenen Zügel

Abb. 89: Stufe 2 Schritt

Abb. 90: Stufe 2 Trab

Abb. 91: Stufe 3 Trab

Abb. 92: Stufe 4 Trab

Abb. 93: Anfänge der Piaffe

Die neunjährige Stute Sarita kommt hier auf Stufe 2 kurzfristig hinter die Senkrechte, was die Reiterin durch Nachgeben und vermehrtes Treiben korrigieren könnte. In den Anfängen der Piaffe verkürzt das Pferd deutlich die Stützbasis und kippt das Becken, um hinten Last aufzunehmen.

176

Zum Weiterlesen

Kurt Albrecht, Meilensteine auf dem Weg zur Hohen Schule. 5. Auflage. Hildesheim: Olms Presse 2003

Michel Henriquet, 30 Jahre Aufzeichnungen und Briefwechsel mit Maitre Nuno Oliveira. Hildesheim: Olms Presse 2005.

Monika Lehmenkühler, Mirja Thiel, Anspruchslos Gebisslos Reiten mit dem LG-Zaum. Von der Grundausbildung bis zur Hohen Schule. Hildesheim: Olms Presse 2007

Stefan von Maday, Psychologie des Pferdes und der Dresur. 4. Reprint. Hildesheim: Olms Presse 2007

Nuno Oliveira, Klassische Grundsätze der Kunst Pferde auszubilden. Hildesheim: Olms Presse 1996.

Nuno Oliveira, Junge Pferde – Junge Reiter. Hildesheim: Olms Presse 1997.

Nuno Oliveira, Notizen zum Unterricht. Hildesheim: Olms Presse 1998.

Nuno Oliveira, Gedanken über die Reitkunst. Hildesheim: Olms Presse 1999.

Nuno Oliveira, Ratschläge eines alten Reiters an junge Reiter. Hildesheim: Olms Presse 1999.

Nuno Oliveira, Erinnerungen eines portugiesischen Reiters. Hildesheim: Olms Presse 2000.

Jean-Claude Racinet, Feines Reiten in der französischen Tradition der Légèreté. Hildesheim: Olms Presse 2007

Eleanor Russell, Zu Hause bei Nuno Oliveira. Momente und Ansichten aus dem täglichen Training. Hildesheim: Olms Presse 2007.

Waldemar Seunig, Von der Koppel bis zur Kapriole. Die Ausbildung des Reitpferdes. Mit einem Vorwort zur Neuauflage von Georg W. Seunig. 3. Reprint. Hildesheim: Olms Presse 2007

Sadko Solinski, Das Gymnasium des Freizeitpferdes. Der Weg zu pferdegemäßem Reiten. Hildesheim: Olms Presse 2003

Sadko Solinski, Pferdegymnastik. Elemente der Pferdeausbildung in 100 Bildern von Josefine Jacksch. Hildesheim: Olms Presse 2005.

Ina Sommermeier, Pferdeschule – Menschenbildung. Wege zur Harmonie zwischen Mensch und Pferd. 2. Auflage. Hildesheim: Olms Presse 2007.

Eva Wiemers, Zirzensische Lektionen. Bd. 1: Eine sinnvolle Pferdegymnastik. 5. ergänzte Auflage. Hildesheim: Olms Presse 2007.

Eva Wiemers, Zirzensische Lektionen. Bd. 2: Gymnastik für Körper und Psyche des Pferdes. 2. Auflage. Hildesheim: Olms Presse 2008.

Eva Wiemers, Was Mimik und Körpersprache der Pferde verraten. Szenen aus der zirzensischen Bodenarbeit. Mit DVD. Hildesheim: Olms Presse 2007.

Norbert Zális, Reiten für Gebildete. Hildesheim: Olms Presse 2003.

Klassiker, die in keiner Reiter-Bibliothek fehlen dürfen:

Manoel Carlos De Andrade
Die Edle Kunst des Reitens
Originaltitel: Luz da Liberal e Nobre Arte da Cavallaria. 2006. XXXVII/629 S., 1 Frontispiz, 93 Kupfer. Leinen mit Schutzumschlag.
ISBN 978-3-487-08452-7

„Eines der ganz großen Werke europäischer Reitkultur. (…) Ein echter „Edelstein" in jeder Pferdebuch-Bibliothek." *Magazin Piaffe 1/2008*

Jean-Claude Racinet
Feines Reiten in der französischen Tradition der Légèreté
2007. 542 S. mit 43 Abb.
ISBN 978-3-487-08453-4

„Für den ernsthaft interessierten Reiter … Das Juwel unter den Reitlehren."
Pegasus Pferdemagazin 08/2007

Johannes Elias Ridinger
Vorstellung und Beschreibung derer Schul und Campagne Pferden nach ihren Lectionen
(Kleine Reitschule). Augsburg 1760/1. 2008. 176 S., 1 Titelstich, 51 Kupferstiche.
ISBN 978-3-487-08388-9

Die schönsten Kupferstiche eines wahren Meisters. Die Schulen auf und über der Erde, wie Sie sie noch nie gesehen haben. Die vorliegende Folge mit deutsch-französischem Text, bekannt auch als „Kleine Reitschule", enthält mit die hervorragendsten Pferdedarstellungen Ridingers.

Eleanor Russell
Zu Hause bei Nuno Oliveira
Momente und Ansichten aus dem täglichen Training. 2007. 101 S., 61 Abb.
ISBN 978-3-487-08470-1

„(…) Nuno Oliveira kehrt wahrhaftig in diesem wundervollen Buch zu uns zurück. (…) Aus ihm spricht die weltberühmte Leichtheit des Meisters und seine unbedingte Liebe zum Pferd."
Rheinlands Reiter u. Pferde, 3/2008

Pferdegerechte Gymnastizierung nach iberischem und südfranzösischem Vorbild vom Altmeister:

Sadko Solinski
Das Gymnasium des Freizeitpferdes
Der Weg zu pferdegemäßem Reiten. 3. Aufl. 2003. VI/200 S., 75 Ill. von Josefine Jacksch.
ISBN 978-3-487-08315-5

Sadko Solinski
Reiter, Reiten, Reiterei
Die Grundlagen pferdegemäßen Reitens. Mit einem Vorwort von H. Preuschoft. 3. Aufl. 1997. VI/290 S., 24 Abb.
ISBN 978-3-487-08248-6

Sadko Solinski
ABC des Freizeitreitens
2000. 392 S., 50 Ill. von Josefine Jacksch.
ISBN 978-3-487-08416-9

Sadko Solinski
Pferdegymnastik
Elemente der Pferdeausbildung in 100 Bildern. 2005. 360 S. mit 100 Ill. von Josefine Jacksch
ISBN 978-3-487-08442-8

Michel Henriquet
30 Jahre Aufzeichnungen und Briefwechsel mit Maitre Nuno Oliveira
2005. IV/220 S., 41 s/w Fotos.
ISBN 978-3-487-08421-3

Der große französische Ausbilder und Freund Nuno Oliveiras gibt die Ratschläge seines Meisters preis.

Nuno Oliveira
Erinnerungen eines portugiesischen Reiters
2000. 130 S., 65 Abb.
ISBN 978-3-487-08382-7

Der große portugiesische Reitmeister erzählt aus seinem Reiterleben.

 Georg Olms Verlag AG · Hagentorwall 7 · D-31134 Hildesheim · www.olms.de · Email: info@olms.de · Tel: 0049-(0)5121-15010

Standardwerke, die in keiner Reiter-Bibliothek fehlen dürfen:

Felix Bürkner
Ein Reiterleben
Verden/Aller 1957. 2. Reprint: 2008. 403 S., 84 Fotos. ISBN 978-3-487-08185-4

Wer den Höhepunkt deutscher Reitkunst „am Pulsschlag" miterleben will, der hat in dieser einzigartigen Biographie ein Buch, welches er immer wieder liest. *Bertold Schirg*

Carl Gräfe
Die Haltung und der Sitz des Reiters
Weimar 1861. Reprint: 1991. XVI/413 S., 22 Tafeln. ISBN 978-3-487-08308-7

Adolf Kästner
Die Reitkunst in ihrer Anwendung auf Campagne-, Militär- und Schulreiterei
3. verm. und verb. Aufl. Leipzig 1876. Reprint: 1985. XI/270 S., 71 Abb. und 2 Falttafeln. ISBN 978-3-487-08269-1

Ludwig Koch
Die Reitkunst im Bilde
2. Aufl. Wien 1928. 3. Reprint: 1998. (Mit freundl. Genehmigung d. Campagne-Reitergesellschaft, Wien.). VI/337 S. mit zahlr. Abb. ISBN 978-3-487-08125-0

Die exakten Zeichnungen von Ludwig Koch machen dieses Buch zu einem lehrreichen Augenschmaus.

Stefan von Maday
Psychologie des Pferdes und der Dressur
Berlin 1912. 4. Reprint 2007. IX/349 S. mit 7 Textabb. ISBN 978-3-487-08239-4

Ein sehr vielseitiges Buch, … dennoch jedem verständlich, dabei stets anregend, spannend. … Es bietet eine Grundlage, auf der bis heute nur wenige aufgebaut haben und wenn, dann leider nicht unter besonderer Berücksichtigung der reiterlichen Probleme. *Bertold Schirg*

Heinz Meyer
Reiten und Ausbilden
3. aktualisierte Aufl. Hildesheim 2001. XIV/186 S., 150 Ill. von Gisela Holstein und zahlr. Fotos.
ISBN 978-3-487-08254-7

Otto Von Monteton
Über Reitinstruktionen, die Gehlust des Pferdes und das Springen der Pferde
Stuttgart 1898. Reprint: 1992. 184 S.
ISBN 978-3-487-08320-9

Spritzig und kritisch beleuchtet der Autor die Reitkunst seiner Zeit.

Paul Plinzner
Ein Beitrag zur praktischen Pferde-Dressur
Vorwort und einer Einführung von Rolf Schettler (DRFV e.V.). 2007.
370 Seiten mit 4 Abb.
ISBN 978-3-487-08441-1

Der Erfinder des Vorwärts-Abwärts-Reitens hat mehr zu bieten als bisher angenommen.

Gustav Steinbrecht
Das Gymnasium des Pferdes
Bearbeitet, vervollständigt und herausgegeben von Paul Plinzner. Potsdam 1886.
6. Reprint: 2002. XII/270 S.
ISBN 978-3-487-08051-2

O. M. Stensbeck, G. Dreyhausen, J. Walzer
Grundzüge der Reitkunst
Berlin 1935/Wien 1951/Berlin 1927.
3. Reprint: 2007. 238 S. zahlreiche Abb.
ISBN 978-3-487-08247-9

Stensbecks Grundsätze sind heute aktueller denn je.

 Georg Olms Verlag AG · Hagentorwall 7 · D-31134 Hildesheim · www.olms.de · Email: info@olms.de · Tel: 0049-(0)5121-15010

Praxisbücher, die in keiner Reiter-Bibliothek fehlen dürfen:

Karin Kattwinkel
Aufgegeben - Ausgemustert - Aufgebaut. Wenn Pferde Probleme haben
Ganzheitliche Pferdetherapie in der Praxis.
2007. 156 S. über 100 Abb.
ISBN 978-3-487-08475-6

Ganzheitliche Konzepte helfen Problempferden
Beispielhaft werden ganzheitliche Zusammenhänge in punkto Pferdegesundheit aufgezeigt: zwischen mangelhaftem Hufbeschlag und Rittigkeitsproblemen, Sattel und Lahmheiten, Reitweise, Gliedmaßenstellung und Blockaden, Stoffwechselstörungen und Muskelproblemen etc.

Monika Lehmenkühler, Mirja Thiel
Anspruchsvoll Gebisslos Reiten mit dem LG-Zaum. Von der Grundausbildung bis zur Hohen Schule. 2007. 269 S., über 150 Abb.
ISBN 978-3-487-08465-7

Endlich präzise Reiten und Ausbilden ohne Gebiss
Die Alternative für empfindliche Pferde

Dieses Buch ... sollte von jedem Reiter sorgfältig gelesen, nein besser studiert und in die Praxis umgesetzt werden. ... Ich wünsche ihm aus Liebe zum Pferd sehr viele Leser, ich wünsche ihm sehr viele Auflagen und sehr viele Übersetzungen. ... Ein echter Gewinn für alle, denen Pferde lieb und teuer sind." *Pferdezeitung.com, 02.12.2007*

Ina Cygon
Die natürliche Pferdeausbildung
Der einfache klassische Weg zum rittigen Pferd. 2003. 303 S., 87 Abb.
ISBN 978-3-487-08445-9

Klassische Ausbildung im Effektiven leichten Sitz umfassend und schrittweise erklärt. Die Ideen Rolf Bechers angewendet auf die gymnastizierende Ausbildung gerade auch des Freizeitpferdes der heutigen Zeit. Leicht umzusetzen für jeden Reiter.

Eva Wiemers
Was Mimik und Körpersprache der Pferde verraten. Mit Extra: Die Sprache der Pferde selbst entdecken.
Das Buch zum Film Zirzensische Bodenarbeit, Teil 3. 2007. 176 S., 11 Abb., und DVD.
ISBN 978-3-487-08469-5

„Ihre Beobachtungen sind manchmal vermenschlichend, aber immer sehr genau erklärt. (...) EMPFEHLENSWERT: Dieses Buch ist ideal als Einstieg, bietet aber auch interessante Details für Fortgeschrittene." *Lily Merklin, Pegasus, April 2008*

Eva Wiemers
Zirzensische Lektionen, Bd. 1
Eine sinnvolle Pferdegymnastik.
5. ergänzte Auflage 2007. 171 S., 93 Abb.
ISBN 978-3-487-08389-6

Das Standardwerk zur Ausbildung in den zirzensischen Übungen, wie Kompliment, Spanischer Schritt, Knien, Liegen, Sitzen. Schult Vertrauen, Gehorsam und macht Spaß!

Eva Wiemers
Zirzensische Lektionen, Bd. 2:
Gymnastik für Körper und Psyche des Pferdes.
2. Aufl. 2008. 288 S., 165 Ill., 23 Fotos, 2 Falttafeln. ISBN 978-3-487-08434-3
Zirzensische Übungen, wie Kompliment, Spanischer Schritt etc., trainieren die Muskeln des Reitpferdes ohne das Reitergewicht und bereiten so auf Lektionen unter dem Sattel vor. Eine tolle Abwechslung!

Norbert Záliš
Reiten für Gebildete
2003. 148 S. mit 28 Abb.
ISBN 978-3-487-08439-8
Ein Plädoyer für eine harmonische Partnerschaft zwischen Mensch und Pferd und wie man sie erreicht.

 Georg Olms Verlag AG · Hagentorwall 7 · D-31134 Hildesheim · www.olms.de · Email: info@olms.de · Tel: 0049-(0)5121-15010